JBVPシリーズ

犬と猫の消化器ブック

監修

竹村 直行

一般社団法人 日本臨床獣医学フォーラム 会長
日本獣医生命科学大学 教授

「JBVPシリーズ・犬と猫の消化器ブック」の発行に寄せて

　一般社団法人 日本臨床獣医学フォーラム（JBVP）は毎年3月に春の全国地区大会、7月にWest Japan Veterinary Forum（WJVF）、そして9月にJBVP年次大会を開催してきました。これらの活動はコロナ禍に見舞われてオンライン開催を余儀なくされましたが、昨年、つまり2023年から対面開催に戻ることができました。

　このうち、春の全国地区大会のメイン・タイトルを書籍化しようという話が出ました。これは魅力的なアイデアだと私は感じました。
　参加者にとっては、内容を復習するよい資料になります。残念ながら参加できなかった獣医師・学生にとっても、内容を知るためのよい情報源になるはずです。加えて、講師陣にもメリットがあると思いました。講演にはどうしても時間的制約が課せられます。このため、泣く泣く削ったスライドが出てくるものです。詳しく説明したかった点を、この制約のために省略することも少なくありません。講演を書籍化することで、時間的制約のために講演に出てこなかった、あるいは省略された内容を復活させて掲載できます。これは講師だけでなく読者にとっても魅力になると思います。今後もぜひ、春の全国地区大会のメイン・タイトルの書籍化を継続する所存ですので、ご愛読いただきたいと思います。

　さて、JBVPシリーズの第1弾では消化器を扱うことにしました。具体的にいうと、2023年の春の全国地区大会で実施した「春の消化器祭り」という企画を文書化したものです。熱意溢れる講師陣のおかげで、「春の消化器祭り」の開催から約1年後に発行できました。

一言で消化器といっても、これには口腔内から肛門までだけでなく、肝臓や膵臓も含まれます。それ故に、獣医師は複雑な対応を求められることが少なくありません。無論、本書はすべての消化器疾患を扱っていないため、このJBVPシリーズでも消化器の問題を今後も扱う必要があると考えています。同時に、「これは知っておこう」、「これくらいはできるようになろう」という消化器疾患に関するコモン・プラクティスを本書で提示できたと自負しています。同時に、本書の内容は10年後も十分に通用すると確信しています。

　最後に、「春の消化器祭り」と本書の企画・立案・実施に関与された本会笠次良宣委員長を中心とするワーキング・グループの皆さまには、「ご苦労様でした。来年も頑張れ‼」という思いで一杯です。また、執筆された先生方におかれましては、お忙しいなかで執筆下さったことに厚くお礼申し上げます。編集作業を迅速かつ的確に進めて下さった（株）ファームプレスの皆さまにもお礼を申し上げなければなりません。

　本書を手に取って下さった先生方に感謝すると同時に、本書の内容をしっかりと診療に反映させていただくことで、消化器疾患に苦しむ動物とその家族に本書が貢献することを切に願います。

2024年2月吉日

一般社団法人 日本臨床獣医学フォーラム（JBVP）
会長　竹村直行

目　次

ご家族も納得！
猫歯肉口内炎の治療 ……………………………………………………… 2
パーク動物病院 愛知動物歯科　奥村　聡基

- **❶ 代表的な歯肉口内炎とは** ……………………………………………… 2
- **❷ 尾側口腔粘膜とは** ……………………………………………………… 2
- **❸ 診断法** …………………………………………………………………… 2
  - ■ 視診 ………………………………………………………………… 2
  - ■ X線検査 …………………………………………………………… 2
  - ■ 血液検査 …………………………………………………………… 2
- **❹ 類症鑑別疾患** …………………………………………………………… 3
  - ■ 若年性歯肉炎 ……………………………………………………… 3
  - ■ 吸収病巣 …………………………………………………………… 3
  - ■ 歯周病 ……………………………………………………………… 4
  - ■ 口腔内腫瘍 ………………………………………………………… 4
- **❺ 症状** ……………………………………………………………………… 5
- **❻ 原因** ……………………………………………………………………… 5
- **❼ 有病率** …………………………………………………………………… 5
- **❽ 治療** ……………………………………………………………………… 5
  - ■ 外科＝根治の可能性がある治療 ………………………………… 6
  - ■ 内科＝根本的な解決策ではないため生涯にわたる投薬が必要となる
    　　　可能性がある治療 ……………………………………………… 6
- **❾ 初回治療時に全顎抜歯を選択すべきか
   全臼歯抜歯を選択すべきかの判断** …………………………………… 7
- **❿ 抜歯をしても改善しない場合に考えること** ………………………… 8
- **⓫ どの程度の期間、改善がなければ全臼歯抜歯の効果判定を
   諦めて全顎抜歯にすすむのか** ………………………………………… 8
- **⓬ 術前インフォームのポイント** ………………………………………… 8
- **⓭ 残根の抜歯** ……………………………………………………………… 8
  - ■ 診断 ………………………………………………………………… 8
  - ■ 治療 ………………………………………………………………… 8
- **⓮ どうしても抜歯ができない場合の対応法** …………………………… 10
  - ■ 粉砕抜去 …………………………………………………………… 10

食道チューブ設置完全ガイド ……… 12
林屋動物診療室 どうぶつ腫瘍センター　中野　優子

- **❶ 食道チューブ設置の方法** ……… 12
  - ■ チューブと鉗子の選択 ……… 12
  - ■ 設置部位 ……… 13
  - ■ チューブ先端の位置 ……… 14
  - ■ チューブが抜けない工夫 ……… 14
- **❷ 実際の設置方法** ……… 14
- **❸ 食事の準備と給与** ……… 16
  - ■ 食事量の計算 ……… 16
  - ■ 食事の給与の仕方 ……… 18
- **❹ 設置部位の失敗** ……… 18
- **❺ 食道チューブ設置部の感染** ……… 18
- **❻ 食道チューブの交換は必要か？** ……… 18
- **❼ 食道チューブの抜去** ……… 18

胃瘻チューブ設置完全ガイド ……… 20
林屋動物診療室 どうぶつ腫瘍センター　中野　優子

- **❶ 胃瘻チューブ設置の方法** ……… 20
  - ■ チューブの選択 ……… 20
  - ■ 胃瘻の造設部位 ……… 20
  - ■ 留置針の胃への穿刺方法 ……… 20
- **❷ 実際の設置方法** ……… 20
- **❸ 食事の準備と給与** ……… 24
  - ■ 食事量の計算 ……… 24
  - ■ 食事の給与の仕方 ……… 25
- **❹ 胃瘻チューブ設置部の感染と局所の腹膜炎** ……… 26
- **❺ 胃瘻チューブの交換は必要か？** ……… 26
- **❻ 胃瘻チューブの抜去** ……… 26

周術期管理に知っておくと便利な消化のメカニズム ……… 28
酪農学園大学 附属動物医療センター　鳥巣　至道

- **❶ ペットフードに関する基礎知識の再確認** ……… 28
  - ■ ドライフードの胃の滞留時間は？ ……… 28
  - ■ ドライフードとウェットフードの消化の早さのちがい ……… 29
- **❷ 強制給餌にあたり理解しておくべき嚥下のメカニズム** ……… 30
- **❸ 症例紹介を交えた周術期における食事管理の解説** ……… 30
  - ■ 症例1 ……… 30

	■ 症例2	33
❹	膵臓は消化の要	35
❺	症例紹介を交えた膵臓手術後における食事管理の解説	36
	■ 症例3	36

猫の消化管好酸球性硬化性線維増殖症を深掘り ……… 40
東京大学 大学院農学生命科学研究科 附属動物医療センター　中川　泰輔

❶	そもそもどんな病気？　実際の症例を紹介	40
	■ 症例1	40
❷	病因と病態	40
❸	臨床的特徴	42
	■ シグナルメント	42
	■ 臨床徴候と血液検査	42
	■ 発生部位	42
	■ 超音波検査	42
❹	診断法	42
	■ 細胞診検査？　内視鏡検査？　外科手術？	42
	■ 注意すべき鑑別疾患	43
❺	症例紹介	44
	■ 症例2	44
	■ 症例3	44
❻	治療と予後	45

食道アカラシアを知っていますか？
犬の巨大食道症を正しく診断し治療する ……… 48
どうぶつの総合病院 専門医療＆救急センター　佐藤　雅彦

❶	食道アカラシア	48
	■ 病態	48
	■ 診断	48
	■ 治療	49

猫の便秘には結局何が効果的？
猫の便秘に対する内科治療を総括する ……… 52
どうぶつの総合病院 専門医療＆救急センター　佐藤　雅彦

❶	猫の便秘の鑑別	52
❷	猫の特発性結腸機能不全（便秘）に対する内科治療	53
❸	内科治療後の指針	56

膵臓の外科解剖 … 58
（公財）日本小動物医療センター 外科　藤田　淳

- ❶ 膵臓の配置 … 58
- ❷ 膵管 … 58
- ❸ 動静脈 … 60
- ❹ リンパ節 … 61
- ❺ 神経 … 63

膵臓腫瘍の診断と治療 … 64
北海道大学 大学院獣医学研究院 先端獣医療学教室　金　尚昊

- ❶ 膵臓の構成細胞と膵臓腫瘍 … 64
- ❷ 膵腺癌 … 64
  - ■ 膵腺癌の診断 … 64
  - ■ 膵腺癌の治療 … 65
  - ■ 症例 1 … 65
- ❸ インスリノーマ … 66
  - ■ インスリノーマの診断 … 67
  - ■ インスリノーマの治療 … 67
  - ■ 症例 2 … 68

胆嚢切除術を考察する
最短ルート選択で合併症を防ぐ … 72
麻布大学 獣医学部 小動物外科学研究室　高木　哲

- ❶ 胆嚢切除術の目的について … 72
- ❷ 胆嚢破裂の臨床的な意義 … 73
  - ■ 胆嚢破裂の手術予後への影響 … 73
  - ■ 胆管破裂の術前検査 … 73
- ❸ 胆嚢摘出が適切でない場合 … 74
- ❹ どのような症例に対してどの手術法が最適か？ … 76
  - ■ 胆嚢とその周辺の解剖 … 76
  - ■ 胆嚢の手術手技 … 78

犬と猫の消化器の超音波検査 … 82
どうぶつの総合病院 専門医療＆救急センター　福田　祥子

- ❶ 正常な消化管 … 82
  - ■ 5層構造を意識する … 82

- ■ ランドマークを使った部位の特定 ……………………………… 82
- ❷ 消化管の疾患 …………………………………………………… 84
  - ■ 消化管閉塞 ………………………………………………… 84
  - ■ 消化管腫瘤 ………………………………………………… 85
  - ■ 腫瘤をつくる非腫瘍性疾患 ………………………………… 88

消化管内視鏡のテクニック❶
上部／下部の挿入や浣腸の仕方 …………………………… 92
東京大学 大学院農学生命科学研究科 附属動物医療センター　中川　泰輔

- ❶ 消化管内視鏡検査でできること ………………………………… 92
- ❷ 消化管内視鏡検査のメリットとデメリット …………………… 92
- ❸ 挿入と観察の概要 ……………………………………………… 92
  - ■ 内視鏡の選択 ……………………………………………… 92
  - ■ 麻酔と内視鏡時の体位 …………………………………… 93
  - ■ 内視鏡の基本的操作法 …………………………………… 93
  - ■ 食道の内視鏡操作 ………………………………………… 94
  - ■ 胃の内視鏡操作 …………………………………………… 94
  - ■ 十二指腸の内視鏡操作 …………………………………… 97
  - ■ 結腸および回腸の内視鏡操作 …………………………… 97

消化管内視鏡のテクニック❷
びまん性病変に対する基本的な生検法 ……………………… 100
東京大学 大学院農学生命科学研究科 附属動物医療センター　中川　泰輔

- ❶ 内視鏡生検のメリットとデメリット …………………………… 100
- ❷ サンプル数とクオリティ ……………………………………… 100
- ❸ 胃の生検手技 …………………………………………………… 101
  - ■ 注意点 ……………………………………………………… 101
- ❹ 小腸の生検手技 ………………………………………………… 101
- ❺ 検体処理 ………………………………………………………… 102
- ❻ 濾紙固定法の手技 ……………………………………………… 104
- ❼ 内視鏡生検サンプルを用いた細胞診 …………………………… 104

消化管内視鏡のテクニック❸
異物摘出 ……………………………………………………………… 108
東京大学 大学院農学生命科学研究科 附属動物医療センター　中川　泰輔

- ❶ 異物摘出で使用される鉗子 …………………………………… 108
- ❷ 内視鏡助手に求められること ………………………………… 108
- ❸ 異物摘出手技 …………………………………………………… 109

生検なんて怖くない
消化管全層生検と肝生検および膵生検（腹腔鏡下／開腹下）の適応と方法 ……… 112
宮崎大学 農学部附属動物病院　金子　泰之

- ❶ 消化管全層生検 ……… 112
  - ■ 消化管生検の適応 ……… 112
  - ■ 生検の方法 ……… 112
  - ■ 全層生検の安全性 ……… 113
  - ■ 全層生検の実施方法 ……… 114
  - ■ まとめ ……… 115
- ❷ 肝生検 ……… 115
  - ■ 肝生検の適応 ……… 115
  - ■ 肝生検前の注意点 ……… 115
  - ■ 肝生検の方法 ……… 116
  - ■ まとめ ……… 118
- ❸ 膵生検 ……… 118
  - ■ 膵生検の適応 ……… 118
  - ■ 膵生検の方法 ……… 118
  - ■ 膵生検におけるポイント ……… 119
  - ■ まとめ ……… 119

猫の三臓器炎の診断と治療 ……… 122
赤坂動物病院　石田　卓夫

- ❶ 猫の三臓器炎の臨床的意義 ……… 122
- ❷ 黄疸からのアプローチ ……… 123
- ❸ 消化器徴候からのアプローチ ……… 123
- ❹ 下痢に対するアプローチ ……… 124
- ❺ 吐いている症例へのアプローチ ……… 126
- ❻ 肝疾患に対するアプローチ ……… 127
- ❼ 膵炎に対するアプローチ ……… 128

胃と腸管をうまく吻合する方法 ……… 130
日本大学 生物資源科学部 獣医外科学研究室　浅野　和之

- ❶ 吻合をうまく行うコツ ……… 130
  - ■ 縫合方法と吻合径 ……… 130
  - ■ 縫合糸の選択 ……… 130
  - ■ 全身状態の改善 ……… 130

- ❷ 並置縫合 130
- ❸ ギャンビー縫合 131
- ❹ 胃と腸管の吻合の注意点 131
- ❺ ビルロートⅠ法 131
  - ■ 順蠕動と逆蠕動 132
  - ■ 症例1 132
  - ■ 症例2 133
- ❻ ビルロートⅡ法 135
  - ■ 縫合糸の使い分け 135
- ❼ ビルロートⅠ法とビルロートⅡ法の合併症 136
  - ■ 嘔吐 136
  - ■ 合併症防止策 136
- ❽ ルーワイ法 137
  - ■ 症例3 137
  - ■ Roux Stasis 症候群 137
- ❾ アンカットルーワイ法 139
- ❿ 空腸間置法 139
- ⓫ 空腸ポーチ間置法 139
- ⓬ 原病巣を温存する緩和的なバイパス手術 140
- ⓭ 吻合不全の危険因子 140
  - ■ 考えられる危険因子 140
  - ■ 術前の腹膜炎 140
  - ■ 腸内異物 141

胃拡張胃捻転症候群に対する捻転整復と胃固定術 142

札幌夜間動物病院　川瀬　広大

- ❶ 胃拡張胃捻転症候群の手術手順 142
  - ■ 胃減圧・胃洗浄 142
  - ■ 捻転整復 142
  - ■ 出血・壊死部処置 144
  - ■ 予防的胃固定 146

JBVPシリーズ

犬と猫の消化器ブック

ご家族も納得！猫歯肉口内炎の治療

パーク動物病院 愛知動物歯科　奥村　聡基

■ はじめに

本稿では猫の歯肉口内炎の診断・鑑別法および治療法について、筆者の経験をふまえつつ解説する。

1 代表的な歯肉口内炎とは

歯肉口内炎とは、尾側口内炎（Caudal Stomatitis）、猫慢性歯肉口内炎症候群（FCGS：Feline Chronic Gingivostomatitis Syndrome）Type 2[1] などともよばれる。本稿では現状本邦で最も一般的な呼称であると思われる、歯肉口内炎として記載したい。

炎症部位に基づき定義すると、歯肉から歯肉粘膜境を越え歯槽粘膜まで広がる炎症と、尾側口腔粘膜の炎症がある場合に歯肉口内炎とよんでいる。

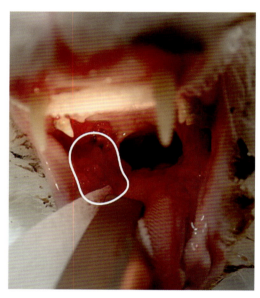

図1　尾側口腔粘膜（◎）

2 尾側口腔粘膜とは

尾側口腔粘膜とは口蓋舌弓、硬口蓋、軟口蓋、歯槽粘膜、頬粘膜に囲まれた部位を指す（図1）。

以前は口狭部とよばれていたが、現在は尾側口腔粘膜とよばれる。

3 診断法

■ 視診（図2-1～2-3）

本疾患を診断するうえで最も重要な診断法である。尾側口腔粘膜の炎症所見＋歯肉から歯肉粘膜境を越え歯槽粘膜まで炎症が広がっている所見を視診で確認して診断する。

まず、左右対称性であることが多い。

また、典型的な症例では粘膜は脆弱化しており、わずかに触れるだけでも出血する。

そして、炎症で尾側口腔粘膜は膨隆していたり潰瘍状にみえることが多い。

その他舌等に炎症がみられることもある。

■ X線検査

X線検査で直接的に歯肉口内炎を診断することはできないが、類症鑑別疾患除外のために必須の検査である。また、歯肉口内炎の猫は、歯肉口内炎のない猫に比べ2倍残根をもつ可能性が高いとの報告もある[2]。

そのため、治療の際には残根の取り残しを防ぐ意味でも術前に必ずX線撮影は行うべきである。

■ 血液検査

グロブリンが上昇していないからといって歯肉口内炎を除外はできないが、歯肉口内炎の際は上昇していることが多いため、猫の血液検査で高グロブリン血症を確認した際は、ご家族からの症状の訴えがなくとも口を開け、尾側口腔粘膜を意識的に確認するようにしている。

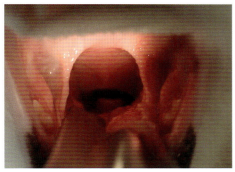
図2-1 正常な尾側口腔粘膜

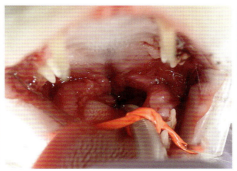
図2-2 歯肉口内炎の尾側口腔粘膜

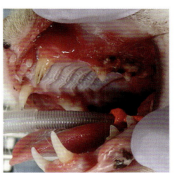
図2-3 歯肉口内炎の歯肉から歯肉粘膜境を越え歯槽粘膜まで広がる炎症

図3 若年性歯肉炎の歯肉の炎症

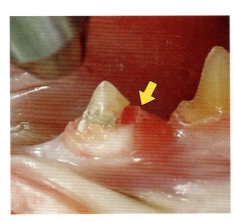
図4-1 吸収病巣の外観
307の遠心の赤くなっている部分（⇨）が吸収している

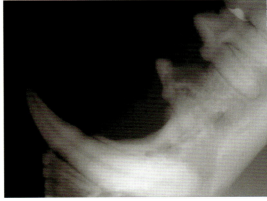
図4-2 吸収病巣のX線像（307）

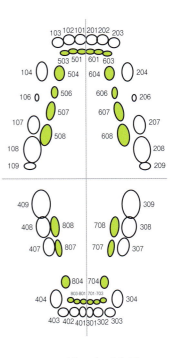
図4-3 猫の歯列表示（トライアダンの変法）

4 類症鑑別疾患（鑑別のポイント）

■若年性歯肉炎（尾側口腔粘膜に赤みがないことの確認、若齢、図3）

若齢でも歯肉口内炎を発症する個体もいるため、年齢のみを判断基準にすべきではない。

若年性歯肉炎と歯肉口内炎の間に関連があるか否かについての結論は出ていない[3]。

■吸収病巣（歯頸部付近歯質に欠損、X線での歯冠や歯根の吸収像、図4-1、4-2）

猫で比較的よくみられる。歯肉口内炎と併発していることも多い。

図5-1　歯周病で抜歯した309近心根

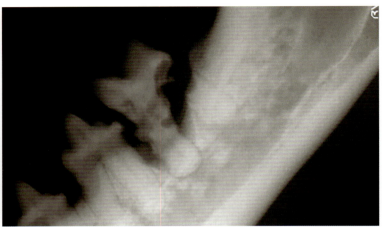

図5-2　歯周病のX線像
309近心根周囲の歯槽骨吸収

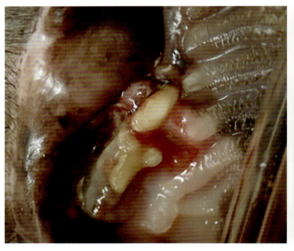

図6-1　扁平上皮癌の外観
107-108周囲の歯肉が潰瘍状を呈している。
歯周病由来の歯肉炎にしては炎症範囲が広い

図6-2　扁平上皮癌のX線像（107-108）

■歯周病（X線での歯槽骨アタッチメントレベルの低下、図5-1、5-2）

歯の周囲の歯肉は発赤するが、尾側口腔粘膜までは赤くならない。また、歯肉口内炎と併発していることも多い。

■口腔内腫瘍
（X線での骨吸収像、生検、図6-1、6-2）

炎症所見が非対称性の場合はとくに疑う。猫の口腔内扁平上皮癌は腫瘤を形成せずに潰瘍状に認められることが多いため、疑わしいときには鑑別のため積極的に生検を行っている。

猫において歯肉炎と歯肉口内炎が混同されていることが多いと感じている。歯周病由来の歯肉炎や若年性歯肉炎であれば抜歯の必要はないこともあるが、これらを歯肉口内炎と判断されて全臼歯抜歯や全顎抜歯をすすめられたり、ステロイドが処方されているケースに度々遭遇する。また逆に歯肉口内炎であるにもかかわらず、歯周病と診断されているケースもみられる。そのため、猫の歯科疾患を診察する際は、必ず尾側口腔粘膜を確認して診断を行うことで、このようなことを防ぐことにつながると考えている。また呼称が類似していることもこのように混同される理由だと筆者は考えているため、筆者自身はご家族に歯肉口内炎のことを、尾側口内炎という名称でお伝えするようにしている。尾側口腔粘膜が赤く腫れていたり、潰瘍形成している写真をおみせしながら説明すると病名とリンクしてご家族の理解を得られやすい。

表1 歯肉口内炎の治療法比較（個人的印象）

治療法	治療効果	デメリット
全顎抜歯	（++++）	歯がなくなる、麻酔
全臼歯抜歯	（+++）	歯がなくなる、麻酔
スケーリング	（+〜++）	効果は一時的、麻酔 歯ブラシがすぐに開始できなければすぐ戻る
免疫抑制剤	（++）	免疫抑制剤の副作用
ステロイド	（++）	ステロイドの副作用 使用後は抜歯への反応悪い
NSAIDs	（+）	NSAIDsの副作用
抗生剤	（+）	耐性菌
猫インターフェロンω	有効との報告複数あり	
犬インターフェロンα	（+）	
レーザー	（+）	
サプリメント	製品により様々	
間葉系幹細胞治療	実施されている報告例が少ない	

5 症状

猫の歯肉口内炎では、主に以下のような症状が認められる。

- 食事が食べにくそう
- 疼痛
- 舌を動かしてジャリジャリと音をさせる
- 口腔内から出血
- 流涎（前肢が流涎で汚れる）
- 口臭
- あくびをしたときに悲鳴を上げる　等

6 原因

猫の歯肉口内炎の原因は不明とされている[1]。細菌に対する過剰な免疫反応や猫カリシウイルス感染等が原因として考えられている。FIV/FeLVの関与については意見が分かれる。

7 有病率

猫の有病率は0.7〜10%である[4]。

8 治療（表1）

細菌のコントロールと免疫反応のコントロールが治療の焦点となる。

全顎抜歯もしくは全臼歯抜歯は、生涯にわたる投薬から解放される可能性をもつため、筆者のなかでは治療の第一選択であり、現状その他の治療法は基本的に生涯にわたる治療の継続が必要となる可能性が高い。

多くの歯を抜くことにご家族が抵抗を示されることもあるが、強い疼痛を引き起こす疾患であり、すべての歯を失ったとしても日々の痛みから解放されることには大きな価値があると筆者は考えている。抜歯を行わなかった場合の強い痛みの持続の可能性、抜歯した場合の治癒率、抜歯しないで生涯にわたる投薬を行った場合の副作用や費用面等についてお話しすると、多くのご家族は抜歯を選択される印象をもっている。

内科療法で長期管理されたあとよりも早期に抜歯を行った症例のほうが治療反応がよいと考えられており、とくにステロイドを長期投与された症例は抜歯に対する治療反応が悪いと考えられている。そのため、できるだけ早期に抜歯処置を行うことが推奨されている[1、5]。

以下に実施される頻度が高い治療法について解説したい。

■ 外科＝根治の可能性がある治療

◆ 全顎抜歯

意味▶抜歯を行うことで細菌が増殖できるスペースを奪うことにつながるため、原因の一つと考えられている細菌への免疫過剰反応がおこりにくくなる。また、歯と歯を取り巻く歯根膜も除去するため、それらに対する免疫過剰反応はおこらなくなる。残根を残すと免疫反応をおこす原因になり得る対象物が残ることになるため治癒しない可能性が残る。そのため抜歯の際は残根を残さないよう細心の注意が必要である。とくに歯肉縁上に残根が顔を出した状態では、その部位に細菌が蓄積、増殖できてしまうため、必ず取り除く必要がある。

メリット▶症状が改善する可能性が最も高い治療法である。一般的に90％程度の奏効率（完治する例と、投薬は必要だが改善する例を含む）と考えられている。全臼歯抜歯に反応がなかった症例でも改善することは多い。完治しなかったとしても、抜歯を行っていない症例に比べ低用量の薬剤でコントロールできるようになる可能性が高いため、副作用面でも費用面でも長期的に患者とご家族にメリットを提供できると考える。

デメリット▶すべての歯を失うことになる。改善がみられない症例も少数ながら存在する。

　手術の結果、物がくわえにくくなる。ドライフード大の食べ物であれば問題なく丸呑みで食べられるが、物を噛み砕くことができなくなる。ごく稀に舌が出てしまう症例がいる。

　手術に伴う問題として、治療費が高額となることが多い。歯根の状態や術者の技量によっては長時間の麻酔管理が必要となったり、合併症として出血や、顎骨折を引き起こす可能性がある。

◆ 全臼歯抜歯

意味▶全顎抜歯には及ばないものの、多くの歯を抜歯することで、細菌の増殖スペースを奪い、細菌への免疫過剰反応を抑える効果が期待できる。効果や注意点は全顎抜歯と同じである。

メリット▶報告により様々だが、おおむね70％程度の奏効率（完治50％、投薬は必要だが改善20％）とされている[6～9]。犬歯より頭側の歯を保存できるため、物をくわえる機能を保存できる。完治しなかったとしても、抜歯を行っていない症例に比べ低用量の薬剤でコントロールできる可能性が高まるため、副作用面でも費用面でも長期的に患者とご家族にメリットを提供できると考える。

デメリット▶犬歯より頭側の歯が残るため、細菌が付着できる場が残り症状が改善しない可能性がある。

　手術の結果、ドライフード大の食物であれば問題なく丸呑みで食べられるが、物を噛み砕くことができなくなる。

　手術に伴う問題として、治療費や長時間麻酔、合併症といったデメリットは全顎抜歯と同じである。

◆ スケーリング

意味▶原因の一つが細菌への過剰免疫応答と考えられているため、細菌が取り除かれることで軽症例であれば一時的な効果がみられる場合もある。しかし、スケーリング処置から8時間ほどもすれば細菌の集落が歯の表面には形成されてしまうため、効果の持続性は限定的である。

メリット▶歯を抜かなくてよいため歯の機能が保存される。手術時間が短くて済む。

デメリット▶症状の改善効果が弱い。一時的に改善したとしても細菌が少ない状態を維持するためには歯ブラシと短いスパンで定期的な麻酔をかけてのスケーリングが必要となることが予想される。歯肉口内炎をもつ猫では口が痛いため歯ブラシの受け入れはよくないことが大半であり、細菌量が少ない状態を維持することは困難である。

◆ レーザー

　単独使用というよりは抜歯に併用したり、抜歯後も難治性の症例に対して実施する。全顎抜歯や全臼歯抜歯の代替治療にはならない[10]。

■ 内科＝根本的な解決策ではないため生涯にわたる投薬が必要となる可能性がある治療

◆ 免疫抑制剤　シクロスポリン2.5～10mg/kg/day

意味▶過剰な免疫反応を抑える。

メリット▶シクロスポリンで難治症例の85％が改善したとの報告がある[11]。

　シクロスポリン単独というよりは、抜歯後に併用することでより効果を期待できる。

デメリット▶効果的だが長期的な投薬が必要となるため副作用が懸念される。長期的にみると治療費が高額になる可能性がある。

　外出する猫では感染リスクが高くなるため室内飼いの猫のみに使用している。

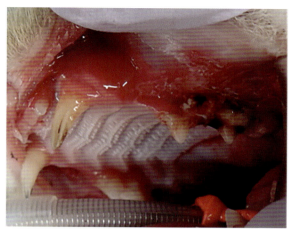

図7-1　全臼歯抜歯術前

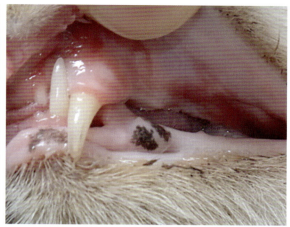

図7-2　全臼歯抜歯術後3ヵ月
抜歯した臼歯部だけでなく犬歯部の歯肉の赤みも改善している

※筆者自身は7mg/kg SIDで2週間使用したのちに症状をみながら徐々に漸減させていくことが多い。

◆ **ステロイド**　プレドニゾロン0.25～1mg/kg/day
意味▶過剰な免疫反応・炎症を抑える。
メリット▶比較的安価である。シクロスポリンと同等の改善率が報告されている。
デメリット▶効果的だが長期的な投薬が必要となるため糖尿病発症等の副作用が懸念される。
　ステロイドの長期投与が行われたのちに全顎抜歯や全臼歯抜歯を行っても、治療反応が悪くなると考えられているため、手術可能な状態であれば治療の第一選択はあくまで抜歯と筆者は考えている。
※筆者自身ステロイドはほとんど使用しないが、痛みが非常に強い場合には、シクロスポリンの効果が発揮されるまでの2週間程度、シクロスポリンと併用して短期的に処方することはある。

◆ **NSAIDs**
意味▶炎症を抑える。
メリット▶比較的安価である。痛みが軽減する症例がいる。
デメリット▶長期投与による副作用。強い効果は期待できない。

◆ **抗生剤**
意味▶細菌を減らすことで免疫反応をおこりにくくする。
メリット▶比較的安価である。痛みが軽減する症例がいる。

デメリット▶長期投与による耐性菌や副作用の問題がある。強い効果は期待できない。

◆ **猫インターフェロンω**
　1.0MU/kg/day1、2、3、8、9、10、15、22
　合計8回皮下投与で効果がみられたとの報告[12]がある。

◆ **犬インターフェロンα**
　軽症例では炎症が軽減することがある。

◆ **サプリメント**
　すべてのサプリメントを使用したことはないが、使用したもののなかで、軽症例では炎症が軽減したものもある。

◆ **間葉系幹細胞治療**
　筆者自身は使用経験がないため詳細不明。7頭中4頭で改善したとの報告あり[13]。

◆ **ブプレノルフィン**
　主に抜歯後の術後疼痛管理に使用できる[14]。

9 初回治療時に全顎抜歯を選択すべきか全臼歯抜歯を選択すべきかの判断（図7-1、7-2）

　全顎抜歯か全臼歯抜歯かの選択に絶対的な判断基準はない。歯肉や歯槽粘膜の炎症が犬歯より前方にも及んでいる場合には、最初から全顎抜歯を選択するこ

とも妥当な選択であると考える。しかし犬歯より前方にまで炎症が及んでいても全臼歯抜歯のみで改善する症例もあるため、一概に炎症が及んでいる範囲で全顎抜歯か全臼歯抜歯かを決めることはできない。また、全顎抜歯を行うほうが手術時間が延長することは当然であり、ご家族の費用的負担も大きくなることが考えられるため、麻酔リスク、術者の技量、ご家族の意向等も含め総合的に判断すべきである。

抜歯をしても改善しない場合に考えること

全臼歯抜歯を行っても改善しない場合は全顎抜歯にすすむ。

全顎抜歯を行ったにもかかわらず改善しない場合に考えられることは以下の2つである。

- 残根がある
- 残根させずに抜歯はできているが治療への反応が悪い

すべての歯根を取り残さずに全顎抜歯できていれば9割以上の確率で改善すると一般に考えられており、当院での経験からもそのような印象をもっているため、改善がない場合にはじめに考えるべきは残根の有無である。

当院では、歯肉口内炎に対し抜歯を行う際は必ず術前だけでなく、術後のX線もフルマウス（全顎）で撮影し、記録として残している。それを術後にご家族にも確認していただくことで、もし治らなかったとしても残根を疑う必要がなくなるため、抜歯への反応が悪い1割の症例なのだと納得して内科療法にすすむことができる。

手術時にもし残根を残してしまった場合は必ずご家族にお伝えし、症状が改善しなかった場合には取り残した残根の摘出を検討する可能性がある旨を伝えておく。

⑪ どの程度の期間、改善がなければ全臼歯抜歯の効果判定を諦めて全顎抜歯にすすむのか

全臼歯抜歯から全顎抜歯への移行に明確な決まりはない。筆者自身は全臼歯抜歯を行った個体の半数以上は術後半年以内で改善するはずと考えている[7]。術後半年を過ぎても十分な痛みの管理がついていないと感じた際は全顎抜歯にすすむことをご家族に提案している。

またあまり多くはない状況ではあるが、症状があまりに強く、内科療法で多量の投薬が必要な場合は術後1〜2ヵ月程度の経過でも全顎抜歯にすすむことがある。

術前インフォームのポイント

術前にはご家族に以下のことをお伝えいただきたい。

まず、すべての歯を抜いたとしても完治しない可能性があること、改善はしても投薬の継続が必要な場合があることである。

食事については、抜歯をしてもドライフードは基本的に食べられる。むしろ今まで口が痛くてドライフードを食べられなかった子が食べられるようになることもある。

また抜歯処置の際に残根を残してしまう可能性がある。その理由として、吸収病巣（歯が脆くなっている）やアンキローシス（骨性癒着）によって抜歯することが難しい状況になっていることがある。それらを抜歯する場合にはフラップを開けての大きな骨切削を伴うことがあったり、それに伴い顎骨折をおこしたり大きな血管や神経を損傷する可能性がある。そのため、X線撮影の結果、自分が治療可能な範ちゅうを超える状態の歯があった場合、その部位については無理はせず、後日設備の整った専門医療機関を紹介することがある。

残根の抜歯

■ 診断

まずはX線で残根の位置を確認する。

位置がはっきりしない場合はプローブなど、X線不透過性の物を残根があると思われる部位の上に乗せた状態でX線画像を撮影することで位置を特定する。

また、歯肉縁上に残根の頭が出ていなくとも、残根直上の歯肉に残根に通じるわずかな穴が空いていることがあり、プローブやエキスプローラーで慎重に探査することで残根の位置を特定できる場合がある。

なお、以下は筆者が行った治療である。参考までに紹介する。

■ 治療
◆ 拡大視野がない場合

歯槽骨の切削 ▶ 特定した残根の位置がみえるようにフラップを開け、残根を目視で確認する。残根を確認で

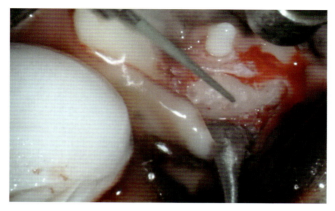

図8　歯槽骨の切削
過去になんらかの理由で折れて残った乳歯犬歯の残根を、フラップを開けたあと、超音波チップで頬側歯槽骨を切削しているところ

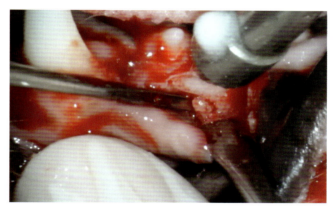

図9　抜歯
残根を先端1mmのエレベーターで脱臼させているところ

きたらあとは歯根の形に沿って頬側の歯槽骨の切削をすすめ、残根全長の2/3程度の歯槽骨を切削する（図8）。次に残根の近心と遠心にも同様の深さで、幅は先端1mmのエレベーターを入れられる程度のわずかな隙間をつくるように歯槽骨を切削する。この操作には、超音波の歯根膜剥離チップや超音波のダイヤモンドチップ、先端0.8mm程度の細いカーバイトバーなどが向いている。

抜歯▶先端幅1〜2mm程度の細く薄いエレベーターをその隙間に入れ、骨を支点に歯根にテコの力をかけることで多くは抜歯できる。これでも抜けなければ頬側歯槽骨を根尖まで削ったり、舌側（口蓋側）にも近心や遠心につくったのと同様に歯槽骨を削って隙間をつくり、そこにエレベーターを入れ、頬側に残根を起こしてくるようにして抜歯する（図9）。

注意点▶この場合、舌側（口蓋側）の骨を大きく損傷すると、上顎であれば口腔鼻腔瘻、下顎であれば顎骨折を引き起こす可能性があるため、舌側（口蓋側）の骨は大きく削らないことがポイントとなる。とくに歯周炎を伴っている場合、下顎は舌側の骨で顎が維持されていることが多いため、舌側を大きく削ると顎骨折を引き起こしやすくなるため注意が必要である。

残根の上に骨が形成されているとフラップを開けても残根を視認することができない場合がある。その際はプローブなど、X線不透過性の物を残根があると思われる部位の上に乗せた状態でX線画像を再度撮影し、残根の位置を確定させ、その位置の頬側歯槽骨を切削して残根を明示する。

拡大視野がない場合、大きくフラップを開け、大きく歯槽骨を切削しないと残根を抜歯することができないため、基本的には残根の抜歯を行う場合は8倍前後の拡大視野を用意したうえで処置することを推奨する。

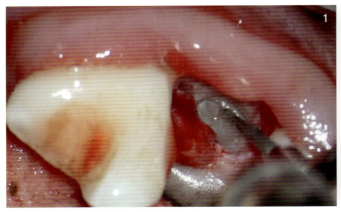
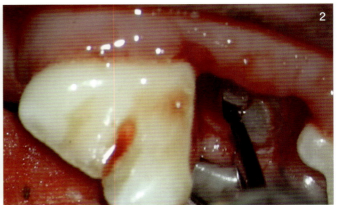

図10　360°の骨切削
1：フラップを開けずに残根の直上やや頬側からマイクロスコープでのぞきながら残根の周囲360°の歯槽骨を超音波チップで切削しているところ
2：残根を先端1mmのエレベーターで脱臼させているところ

◆ 拡大視野がある場合
視野の確保と抜歯▶特定した残根の位置を拡大視野で確認し、十分に残根を視認できるようであればそのまま抜歯操作に入る。十分にみえないならわずかに歯肉を近心・遠心方向に切開を入れ、エンベロープフラップとして剥離し、視野を確保する。
残根の抜歯▶残根を直上からみ下ろすことができるように体位を調節し、残根の周囲の歯根膜腔、もしくはアンキローシスをおこしているようであれば歯根と歯槽骨の境界部分の360°全周を、超音波の歯根膜剥離チップや超音波のダイヤモンドチップ、先端0.8mm程度の細いカーバイトバーを用いて切削する。
注意点▶拡大視野がない場合と同様、舌側を大きく削ると顎骨折を引き起こしやすくなるため注意が必要である。
360°の骨切削▶360°の骨切削は残根の2/3程度の深さまで行い（図10-1）、先端幅1〜2mm程度の細く薄いエレベーターをその隙間に入れ（図10-2）、骨を支点に歯根にテコの力をかけることで抜歯できる。
　この際、骨切削の深度が浅いと、上部で歯根に力をかけた際に再度破折がおこり、さらに深い位置での抜歯操作が必要となってしまうため、なるべく深く骨切削しておくことがポイントだと考えている。
　深く切削する際は上顎であれば口腔鼻瘻や眼球の穿刺、下顎であれば下顎管の損傷が懸念されるため、筆者自身は根尖近くでは回転切削器具よりも、ダイヤモンドチップの超音波切削器具を用いて慎重に骨切削を行うようにしている。

どうしても抜歯ができない場合の対応法

■ 粉砕抜去
　この方法は歯根と思われる組織がX線的に、かつ強拡大視野を用いた肉眼的にもなくなるまで歯根を削る方法である。
　この方法を選択した場合に、もし歯根成分が残ってしまうと、残った残歯は元の大きさよりもさらに小さな物となるため、マイクロスコープ等の強拡大視野を用いた再治療ですらアプローチすることが非常に困難となる可能性がある。そのためこの方法を選択する際は歯科X線やCTでの評価、マイクロスコープ等の強拡大視野下での処置が実施できる設備の下実施されることが望ましい。
　これらの設備が自院にない場合、紹介を検討する余地があると考える。
　また歯肉口内炎の際にこの方法を実施する場合、削った破片が抜歯窩に残る可能性もあるため、極力粉砕抜去ではなく、抜歯を行うことを基本とし、専門家がやむを得ない場合にのみ行う処置と考えておくほうがよい。

■ おわりに
　良好な口腔内環境を動物に提供したいと考えている獣医師にとって、猫歯肉口内炎はいまだ抜歯をすることでしか問題解決し得ない、または抜歯をしても改善しないこともある、治療に苦慮することの多い疾患である。全顎抜歯を行っても猫は人間がみてわかるほどの大きな不都合を示さないことが多いため、痛みの

コントロールのため歯を犠牲にする選択がとられる現状にあるが、猫自身に本当に不都合がないのかはわからない。

今後さらなるQOL向上のため、抜歯をしなくても痛みから解放される治療の研究が望まれる。

参考文献

[1] Camy G, Fahrenkrug P, Gracis M. Proposed guidelines on the management of feline chronic gingivostomatitis (FCGS) syndrome: A consensus statement. Consultation version September 2010. 19th European Congress of Veterinary Dentistry (ECVD), Nice, 2010 Sep: 23-25.

[2] Farcas N, Lommer MJ, Kass PH, et al. Dental radiographic findings in cats with chronic gingivostomatitis (2002-2012). J Am Vet Med Assoc. 2014; 244(3): 339-345.

[3] Soltero-Rivera M , Natalia Vapniarsky N, Rivas IL , Arzi B. Clinical, radiographic and histopathologic features of early-onset gingivitis and periodontitis in cats (1997-2022). J Feline Med Surg. 2023 Jan; 25(1): 1098612X221148577.

[4] Arzi B, Mills-Ko E, Verstraete FJ, et al. Therapeutic efficacy of fresh, autologous mesenchymal stem cells for severe refractory gingivostomatitis in cats. Stem Cells Transl Med. 2016; 5(1): 75-86.

[5] Niemiec BA. Oral pathology. Top Companion Anim Med. 2008; 23(2): 59-71.

[6] 藤田桂一、酒井健夫. 猫の歯肉口内炎における全顎抜歯の治療効果. 日獣会誌. 1999; 52: 507-511.

[7] 山岡佳代, 八村寿恵, 久山朋子, 鳥越賢太郎, 白石加南, 網本昭輝. 猫歯肉口内炎に対し全臼歯抜歯を行った34例の長期評価. 日獣会誌. 2010; 63: 48-51.

[8] Bellei E, Dalla F, Masetti L, et al. Surgical therapy in chronic feline gingivostomatitis (FCGS). Vet Rec Commun. 2008; 32(1): 231-234.

[9] Jennings MW, Lewis J R, Soltero-Rivera MM, et al. Effect of tooth extraction on stomatitis in cats:95 cases (2000-2013). J Am Vet Med Assoc. 2015; 246(6): 654-660.

[10] Lewis JR, Tsugawa AJ, Reiter AM. Use of CO2 laser as an adjunctive treatment for caudal stomatitis in a cat. Vet Dent. 2007; 24(4): 240-249.

[11] John R. Lewis JR. Feline Stomatitis: Medical Therapy for Refractory Cases. Veterinary Practice News October 22, 2014.

[12] Matsumoto H , Teshima T, Iizuka Y, Sakusabe A, Takahashi D, Amimoto A, Koyama H. Evaluation of the efficacy low recombinant feline interferon-omega administration protocol for feline chronic gingivitis-stomatitis in feline calicivirus-positive cats. Res Vet Sci. 2018 Dec; 121: 53-58.

[13] Arzi B, Clark KC, Sundaram A, et al. Therapeutic efficacy of fresh, allogeneic mesenchymal stem cells for severe refractory feline chronic gingivostomatitis. Stem Cells Transl Med. 2017; 6(8): 1710-1722.

[14] Stathopoulou TR, et al. Evaluation of analgesic effect and absorption of buprenorphine after buccal administration in cats with oral disease. J Feline Med Surg. 2018 Aug; 20(8): 704-710.

食道チューブ設置完全ガイド

林屋動物診療室 どうぶつ腫瘍センター　中野　優子

■ はじめに

様々な疾患で採食困難、食欲不振、体重減少があり積極的な栄養管理を必要とする場合や、食欲低下があるにもかかわらず診断がつかず、治療にすすめない場合の一時的な栄養補給として食道チューブは非常に有用である。

食道チューブ設置には全身麻酔が必要であるが、手技に慣れれば、10分程度で設置可能である。胃瘻チューブと比較すると、チューブが抜けやすいなどのデメリットもあったが、抜けない工夫をしたところ、長期間の使用も可能になった。また、胃瘻チューブ設置でおきるような致死的な合併症はほとんどなく安全である。

1 食道チューブ設置の方法

食道チューブ設置のポイントは以下の4つである。

1. チューブと鉗子の選択
2. 設置部位
3. チューブ先端の位置
4. チューブが抜けない工夫

■ チューブと鉗子の選択
◆ チューブの選択

チューブの選択は非常に重要であり、嘔吐時に反転しないようにチューブにコシが必要である。柔らかくコシのないチューブを使用すると、嘔吐時に反転して口からチューブが出てきてしまう可能性がある。

現時点（2023年9月）で筆者が日々使用し、推奨するチューブを紹介する。シリコーンゴム製のチューブで、先端造影チップ付き、側孔2穴、X線不透過ラインが入っている（図1、2）。太さに関しては、細すぎると食事を多くの水で希釈する必要があり、太すぎる

図1　フィーディングチューブ（マーゲンタイプ）の先端
素材はシリコーンゴム製で、チューブにコシがある。先端にチップが付いていて、食道を傷つけない。2ヵ所の穴から食事が排出される。X線不透過ラインが入っており、X線撮影にてチューブの位置を確認することが可能

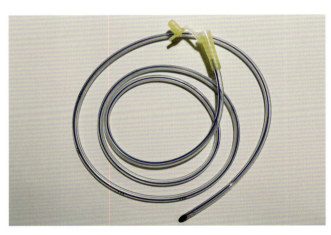

図2　食道チューブとして用いるフィーデングチューブ（マーゲンタイプ）［終売］
マーゲンタイプは先端造影チップ、側孔2穴である。先端開孔、側孔4穴の栄養タイプでないことに注意する
販売元：ユーシンメディカル

と抜去時に食道の穴が塞がりにくく、唾液が皮下に漏れる可能性がある。それらを考慮したうえで、猫や小型犬には14Frが最適と感じている。中型犬、大型犬では16Frもしくは18Frを使用している。各チューブの外径と内径を表1に示す。

なお、ユーシンメディカルのフィーディングチューブは終売しており、代替可能なチューブとしてはクリエートメディックの胃カテーテル（クリニーマーゲン

食道チューブ設置完全ガイド

表1　ユーシンフィーディングチューブ
（マーゲンタイプ）の外径と内径

	外径（mm）	内径（mm）	全長（mm）
14Fr	4.7	2.6	1,250
16Fr	5.3	3	1,250
18Fr	6	3.5	1,250

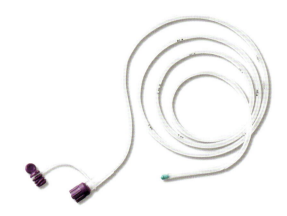

図3　食道チューブとして用いる胃カテーテル（クリニー　マーゲンゾンデ）
販売元：クリエートメディック

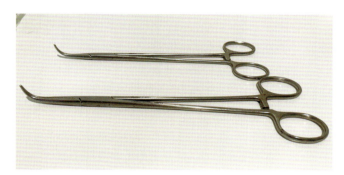

図4-1　ミクスター鉗子

図4-2　ミクスター鉗子の先端
先端の角度は強弯が好ましい

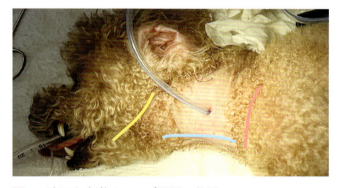

図5　適切な食道チューブ設置の位置
――は下顎骨、――は肩甲骨前縁、――は頚静脈の走行を示している

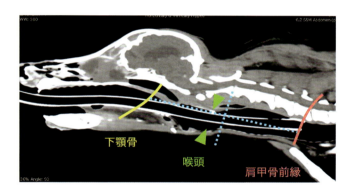

図6　設置部位のCT画像
――は下顎骨、――は肩甲骨前縁、▲は喉頭を示している。……は下顎骨と肩甲骨前縁の中間点を示している

ゾンデ）がある（図3）。ユーシンメディカルのものと比較して、チューブがやや柔らかい印象はあるが問題ないと思われる。本来ついているファネルの部分は使用せず、チューブを適度な位置で切断し、コネクターをはめると通常のシリンジが使用できる（後述、設置方法❿）。

◆ 鉗子の選択

　鉗子の選択はさらに重要で、口腔から挿入した鉗子の先端が最適な設置部に届く必要がある。鉗子は、先端の角度が強弯のミクスター鉗子を用いる（図4-1、4-2）。ミクスター鉗子は猫と小型犬では18～20cm、中型犬では24cm以上のものがあれば十分である。

■ 設置部位

　食道の解剖学的な走行から、食道チューブは左頚部に設置する。設置部位は下顎骨と肩甲骨前縁までの中間よりやや尾側に設置する（図5）。また、必ず、左頚静脈を確認し、左頚静脈の外側に設置する。食道チューブ設置部位付近の構造を示すCT画像を図6に示す。下顎骨と肩甲骨前縁の中間地点は喉頭と1cm程度しか離れていない。したがって、喉頭を指で確認し、かつ、中間地点より必ず尾側に設置する。設置部位が喉頭より頭側になると咽頭チューブになってしまい、気管チューブ抜管時に呼吸困難になる可能性がある。したがって、必ず喉頭より前にならないように、できるかぎり尾側に設置すると安全である。

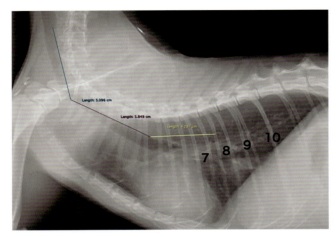

図7　画像ビューアで食道チューブ設置部位から第8肋骨までのおおよその距離を測定

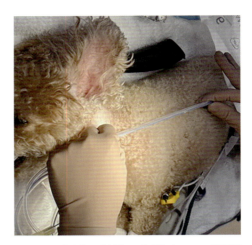

図8　設置時に触診で食道チューブ設置部位から第8肋骨までの距離を測定

■ チューブ先端の位置

　チューブの先端は、心基底部を越えた第8肋骨あたりになるように設置する。設置前にあらかじめ、頸部を含めた胸部X線画像（ラテラル）を撮影し、画像ビューアにて、設置部位から第8肋骨周辺までの長さを測定し（図7）、油性ペンでチューブに印をつけておく。猫は適切な設置部位から第8肋骨まで15cmになることが多い。設置時に触診で第8肋骨の位置からの設置部位までの長さを測ってもよい（図8）。

■ チューブが抜けない工夫

　全身麻酔下で設置したにもかかわらず、食道チューブが抜けてしまうことは、患者にとっても、ご家族にとっても大変残念な状況である。糸で皮膚が切れない工夫も様々あるが、皮膚の痛みが出る可能性がある。最近では、糸に加えて綿包帯の上から紙テープで固定することが多い。

◆ 3ヵ所を糸で留める

　食道チューブは胃瘻チューブのようなストッパーがないため、糸でチューブを留める。しかし、アンカーにした糸で皮膚が切れて、その結果、糸が外れてしまい、食事給与時やガーゼ交換時に思いがけずチューブが抜けてしまうことがある。とくに、食道チューブ設置部の皮膚が炎症を伴うと皮膚が切れてしまい、糸が外れることが多い。そのため、筆者は念のために3本の糸をかけておくことが多い。

◆ 綿包帯の上から細い紙テープで固定する

　糸にテンションがかかって皮膚が切れてしまう場合、何度再縫合しても、皮膚が切れて糸が外れることが多い。対処法として、綿包帯の上から緩く紙テープで頸部をぐるりと一周巻く（図9）。この方法を実施してからは、食道チューブが抜けることは皆無となった。

❷ 実際の設置方法

❶ 全身麻酔を施す。
❷ 食道は頸部の左側を走行するため、左側頸部を剃毛し、消毒する（図10）。
❸ 口腔からミクスター鉗子を挿入し、設置部位の皮膚を鉗子の先端で突き立てる。
❹ 鉗子の先端部分を触れたら、No.11のメスで切開し（図11）、鉗子の先端を皮膚から出す。大きく切開しすぎず、チューブが通る穴の大きさだけ切開する。しかし、食道の切開が甘いとチューブが挿入できないので注意する。
❺ 鉗子の先端でチューブの先端を把持する（図12）。
❻ 鉗子とともに、チューブを口腔内から印をつけた部位より長めに引き抜く。この際に、濡れた生理食塩水を浸したガーゼで頸部のチューブを押し込むとチューブが通りやすい（図13）。
❼ 引き抜いたチューブを口からすべて押し込み、食道側に挿入していく（図14）。犬では、チューブを食道内に押し込めず、頸部のところでトグロを巻いてしまうことがあるので注意する。頸部をまっすぐ伸ばす、チューブを生理食塩水で濡らす、潤滑ゼリーを塗るなどの対処をして、スムーズに胃の近くまで押し込む。
❽ 設置部位のチューブを印のついた部位まで引き抜く

食道チューブ設置完全ガイド

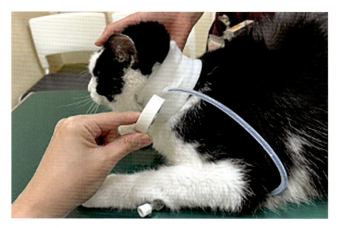

図9　紙テープでの固定
綿包帯の上から、細いテープをチューブに1周巻いたうえで頚部を緩く1周巻く

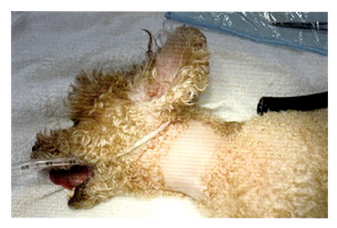

図10　チューブ設置部位の剃毛

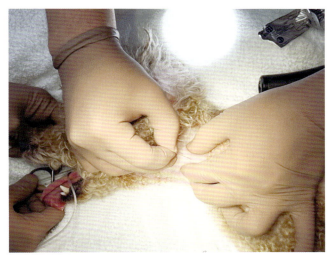

図11　設置部位の切開

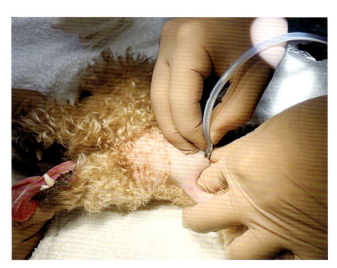

図12　ミクスター鉗子によるチューブ先端の把持

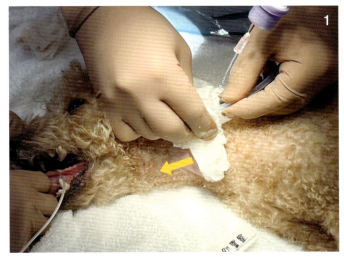

図13　鉗子を用いて口腔方向にチューブを押し込む

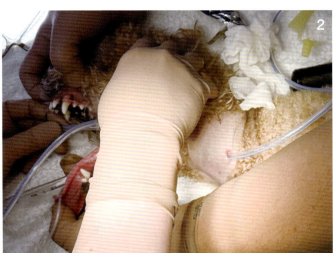

図14　チューブを食道へ挿入

図15　チューブを引いて設置部位より尾側にチューブを設置する

（図15）。この際、引き抜くチューブの向きが変わる際に"ぶるん"という感覚を確認する。確認できれば、チューブはすべて設置部位より尾側に存在する。確認できないと頸部でトグロを巻いていて、再度、押し込むと口腔内からチューブが出てくることが多い。その場合は、再度、❼の工程からやり直す。

❾油性ペンで付けた印の位置で3-0ナイロン糸を用いて、チャイニーズフィンガートラップ縫合で留め、3ヵ所で縫合する（図16）。油性ペンの印が消えた場合は、チューブの目盛りから留める位置を確認する。

❿適度な長さ（40cm程度）でチューブを切り、コネクターをはめ、混注キャップで蓋をする（図17）。チューブに本来付いているキャップ付きファンネル（カテーテルチップが接続できる）を使用してもよい。

⓫設置部位にY字ガーゼをあてる（図18）。5cm幅の綿包帯に穴を開けてチューブを通し、2周巻く（図19）。その上から細い紙テープでチューブから頸部を1周して再びチューブで留める（図20）。伸縮ネット包帯（猫では6号、犬では7号）でチューブを収納する（図21）。猫が頸部を後ろ足で蹴って掻いてしまうと綿包帯がボロボロに出てきてしまうことがある。その場合は、綿包帯を粘着性伸縮包帯で巻いておく（図22）。食道チューブの収納は伸縮ネット包帯をヘアーバンドで代用すると見た目もよい。

⓬先端の位置が心配な場合は、胸部X線ラテラル像を撮影し、食道チューブの先端が第8肋骨あたりにあるか確認する。

❸ 食事の準備と給与

■ 食事量の計算

❶食道チューブにある程度の太さがあるので、リキッド食ではなく、缶詰やパウチの処方食を用いる。食事の重量の2〜3割程度の水を加えてミキサーにかけるとスムーズに給与できる。また、裏ごしすると滑らかになり、食事をシリンジ内に入れやすい。獣医師の好みにもよるが、食べていない猫や犬に対する食事になるので、消化器疾患用の缶詰やパウチを使用することが多く、退院サポート（ロイヤルカナン）やa/d缶（日本ヒルズ・コルゲート）からはじ

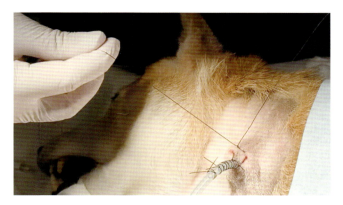

図16　糸によるチューブの固定

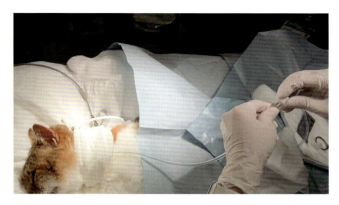

図17　チューブとコネクターの接続

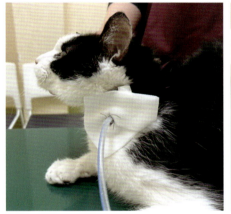

図18　設置部位にY字ガーゼをあてる

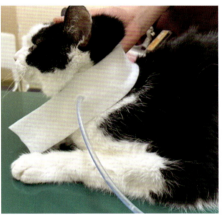

図19　頚部に綿包帯を巻く

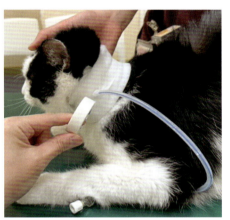

図20　紙テープで綿包帯とチューブを留めつける

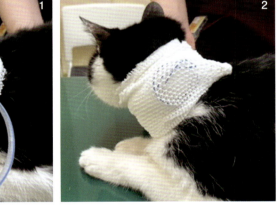

図21　伸縮ネット包帯にチューブを収納する

めることは少ない。猫で腎数値の上昇がある場合は、腎臓疾患用の食事を使用することもある。

❷1日に必要な食事量を計算する。作成したミキサー食の総量（mL）から1mLあたりのカロリー数を計算し、1日に必要なミキサー食の量を算出する。

> RER（安静時のエネルギー要求量）＝
> 　　　　　　　　　　　　　体重×30＋70（kcal）
> ミキサー食1mLあたりの○○kcal→
> 　　　　　　　RERに必要なミキサー食△△mL/day

❸1日に必要な量を初日は少量から開始し、嘔吐がな

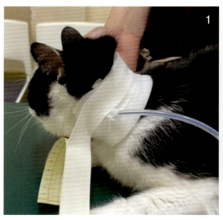 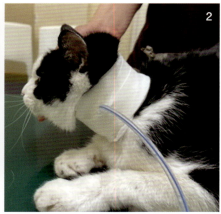

図22　綿包帯の上から粘着性伸縮包帯を貼ると綿包帯がずれない

ければ、徐々に数日かけて1日必要量に近づけていく。また、体重の経過をみながら、適宜食事量を調整する。

■ 食事の給与の仕方
① 水5mLを25秒程度かけてゆっくり給与する。
② 食道の蠕動をイメージしながら、食事1mLを5〜10秒かけてゆっくり給与する。給与速度が速いと、吐出するので注意する。
③ 内服薬がある場合は、水2〜3mLに溶かし、給与する。
④ 水5mLを給与し、その後、チューブ内に液体が残らないように空気を4〜6mL給与する。

④ 設置部位の失敗

致死的な失敗は、設置部位が咽頭になり気管チューブ抜管後に呼吸困難に陥ることである。その場合、再度、気管チューブを挿管し、食道チューブを抜去後、再設置するしか方法がない。このような不適切な設置部位になってしまう原因として、喉頭の位置を確認せずに設置部位を決めた場合と、手持ちのミクスター鉗子の長さが足りず、咽頭チューブになってしまったときにおこり得る。

⑤ 食道チューブ設置部の感染

食道チューブ設置部は、胃瘻チューブのようなトンネルは形成されない。感染のない設置部は、少量の痂皮が付着し、乾燥している。滲出液や周囲の腫れ、痛み、赤みは感染の徴候である。設置後2週間以内に認められることが多いが、適切な抗菌薬を使用することで改善が期待できる。胃瘻チューブと異なり、抜去せざるを得ない皮下膿瘍や致死的な感染症はほぼおきない。

⑥ 食道チューブの交換は必要か？

最近のチューブは劣化しにくい。数ヵ月から1年以上使用できた症例もある。筆者は誤抜去しないかぎり、そのまま使い続けることが多い。

⑦ 食道チューブの抜去

通常は、無麻酔で糸を外し、食道チューブを抜去する。その際、皮膚に1糸かける。食道の孔は縫合できないので、抜去後数時間は食事をさせないようにしている。稀に、唾液や食事が皮下に漏れ皮下膿瘍になる場合がある。その場合は、縫合を外し、洗浄と適切な抗菌薬投与で改善することが多い。

■ おわりに

短時間の麻酔で手軽に設置できる食道チューブは、非常に使い勝手がよい。すでに食欲不振と体重減少があるリンパ腫の猫ではほとんどの症例で食道チューブを設置している。抗がん剤の予防的制吐剤の投与も簡単になり、食べないことを理由に皮下補液のために通院する必要がなくなる。また、猫では侵襲度の高い手術や術後の入院管理を3日以上想定している場合も、手術と同時に食道チューブを設置すると術後管理が非常に簡単になり、入院期間も短くできる。

誤嚥性肺炎などのおそれがあり、ご家族と患者双方に強いストレスのかかる強制給餌を避けて、食道チューブ設置を検討いただけると幸いである。

胃瘻チューブ設置完全ガイド

林屋動物診療室 どうぶつ腫瘍センター　中野　優子

■ はじめに

　様々な疾患で採食困難、食欲不振、体重減少があり長期間の積極的な栄養管理を必要とする場合や、食道疾患で食事を吐出してしまう場合は、胃瘻チューブは有用である。胃瘻チューブ設置には全身麻酔と内視鏡が必要であるが、手技に慣れれば、15分程度で設置可能である。ただし、食道チューブと比較して、胃瘻部の局所の腹膜炎や食事漏れからの感染など、ややトラブルは多い印象である。いっぽうメリットは、食道チューブと比較して、チューブが太く食事を水で希釈する割合が少なく済むことや、最近の胃瘻チューブは誤抜去の可能性が低いことである。

1 胃瘻チューブ設置の方法

　胃瘻チューブ設置には、開腹手術による胃瘻造設、内視鏡による胃瘻造設がある。内視鏡による胃瘻造設は、Percutaneous Endoscopic Gastrostomyの頭文字をとってPEGとよばれる。開腹による設置と比較し、PEGは手技が簡単、短時間で設置可能、傷が小さい、縫合の必要がないというメリットがある。
　今回はPEGによる胃瘻チューブ設置について解説する。
　胃瘻チューブ設置のポイントは以下の3つである。

1. チューブ選択
2. 胃瘻の造設部位
3. 留置針の胃への穿刺方法

■ チューブの選択

　現時点（2023年9月）で購入可能かつ筆者が推奨するチューブはティアレPEGキットである（図1）。シリコーンゴム製、体外固定板（ストッパー）と胃内固定板（バンパー）が付いている（図2）。猫や小型犬には16Fr、中型犬、大型犬では20Frを使用している。ティアレの胃瘻チューブを使用するかぎり、バンパーが硬く、幅があるため、誤抜去の可能性はきわめて低い。バンパー径は、16Frで21.5mm、20Frで25mmである。

■ 胃瘻の造設部位

　左体幹部、肋骨縁を中心に剃毛しておく。肋骨縁より必ず腹側になるので、あまり背側を毛刈りする必要はない。
　図3の黄色のラインが肋骨縁、桃色が空気で膨らませた胃を示している。設置部位は肋骨縁から最低指1本分を離した箇所（水色の点線で囲われた部位）に設置する。設置部位が肋骨縁にかかると動物が設置部位を痛がるため、必ず肋骨縁から離す。

■ 留置針の胃への穿刺方法

　留置針を胃へ穿刺する際、脾臓への誤穿刺を避けるよう注意する。
　内視鏡で胃に空気を送気し、胃の皺がなくなるまで胃をしっかりと膨らませる（図4、5）。膨らみきらない場合は、頚部を圧迫し食道から空気が抜けるのを防ぐ。胃をしっかり膨らませることで、胃と腹壁の間に脾臓が入り込み、誤って脾臓を穿刺することを避けることができる。膨らんだ胃を肋骨縁から指1本分あけて、留置針の反対側で押す（図6）。内視鏡の画面で押された胃を確認する。少しずつ位置を変えながら、内視鏡の画面にて最も胃壁が盛り上がる場所を設置部位に決定する（図7）。

2 実際の設置方法

　先述の説明をふまえて、実際の胃瘻チューブの設置方

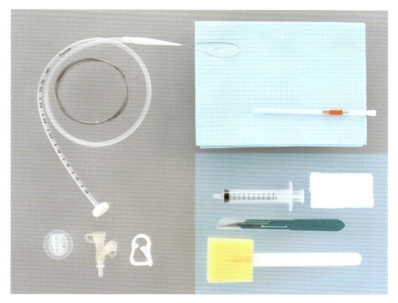

図1 ティアレPEGキット（クリエートメディック）

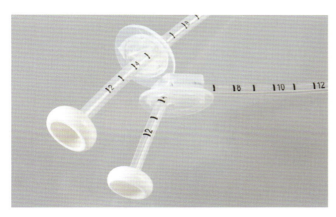

図2 体外固定板（ストッパー）と胃内固定板（バンパー）

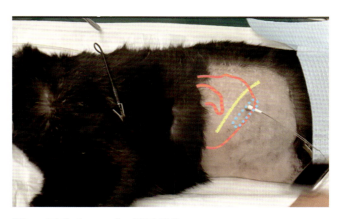

図3 胃瘻チューブの設置部位
　　— ：肋骨縁　〇：胃　⚬：チューブの設置部位

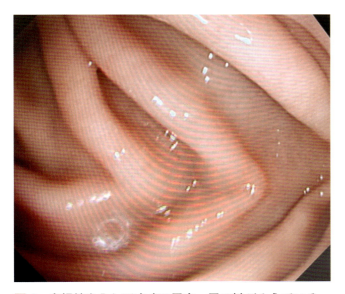

図4 内視鏡を入れてすぐの胃内。胃の皺がみえている

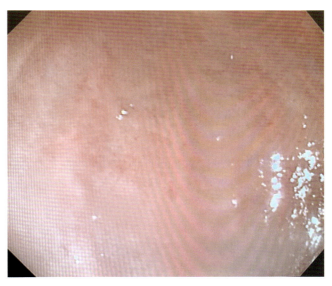

図5 送気することで皺が伸びた胃

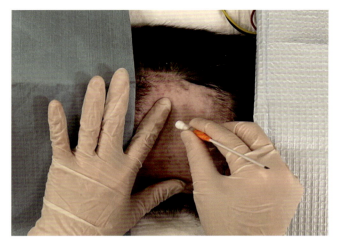

図6 チューブの設置部位を体外から決める
胃を膨らませた状態で、肋骨縁から指1本分離した箇所を留置針の反対側で押す

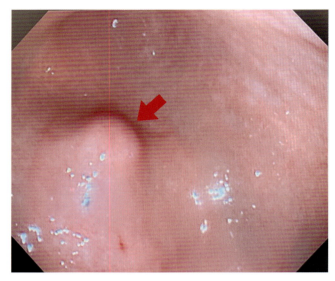

図7 チューブの設置位置を内視鏡で確認する
図6のように体外から設置部位を押し、内視鏡の画面で胃壁が最も盛り上がるところ（➡）を設置部位に定める

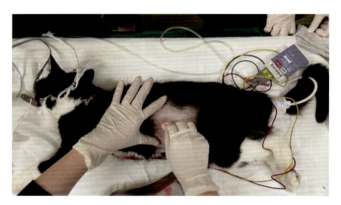

図8 左体幹部の肋骨縁周囲の剃毛と消毒

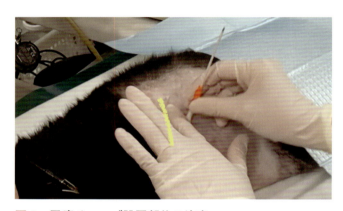

図9 胃瘻チューブ設置部位の決定
━━ ：肋骨縁

法を改めて一通り説明する。

❶全身麻酔を施す。胃瘻チューブ設置は右横臥位で設置する。内視鏡検査時の左横臥とは逆であることに注意する。

❷左体幹部の肋骨縁周囲の剃毛と消毒をする（図8）。肋間に挿入することはないので、あまり背側の毛を刈り過ぎないようにする。

❸内視鏡を胃内に挿入し、胃の皺がなくなるまで送気し胃を膨らませる。食道から空気が抜ける場合は、頸部食道を圧迫し、空気が抜けないようにして、膨らんだ胃の状態を維持する。

❹肋骨縁から最低指1本分を離した箇所で、内視鏡の画面をみながら、留置針の反対側で押す（図9）。少しずつ位置を変えながら、内視鏡の画面にて最も胃壁が盛り上がる場所を設置部位に決定する。

❺設置部位が決まったら、留置針を内視鏡の画面をみながら、胃壁に垂直に胃内に穿刺する（図10）。内視鏡の画面で、留置針が胃壁に垂直に穿刺されているかを確認する。皮膚の硬い猫では、テルモの留置針を使用することもある。

❻留置針が胃内に入ったら、外套を胃内に残し、内針を抜去する。外套に沿わせて、ループワイヤーを胃内に挿入する（図11）。ループワイヤーの先端を鉗子で摘んで、細くしておくと入りやすい（図12）。

❼ループワイヤーの先端を内視鏡の鉗子で把持する。可能であれば、ループワイヤーの先端を掴む（図13）。

❽ループワイヤーを口から出し、胃瘻チューブについた先端ワイヤーと連結する（図14）。

❾右手で設置部からループワイヤーを引き、左手で口からチューブを挿入する（図15）。チューブ先端の

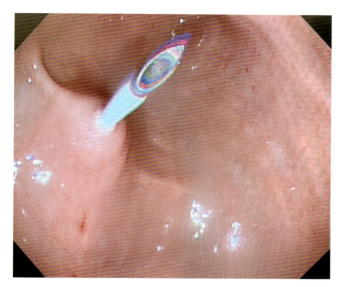

図10　内視鏡の画面をみて留置針を胃内に穿刺

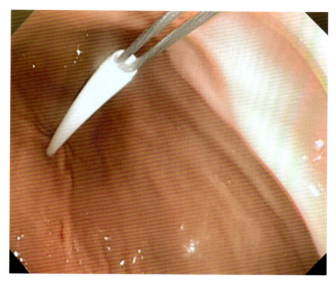

図11　ループワイヤーを胃内に挿入

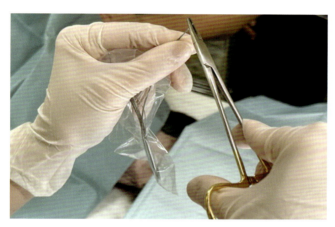

図12　ループワイヤーの先端を細くする

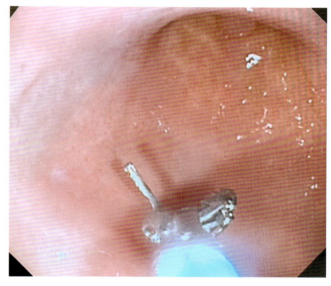

図13　ループワイヤーの先端を内視鏡の鉗子で掴む

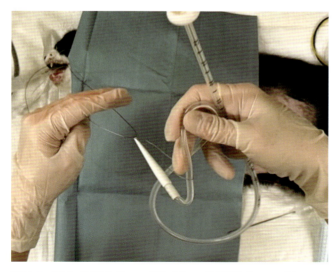

図14　口から出たループワイヤーを胃瘻チューブについた先端ワイヤーと連結する

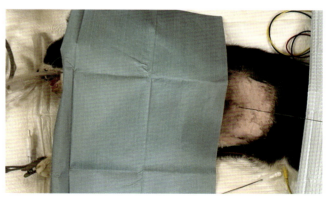

図15　ワイヤーを引っ張り、チューブを口腔内より挿入していく

図16 チューブ先端のダイレーターを引き抜く

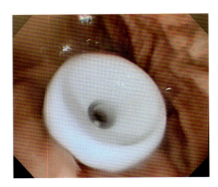

図17 胃内バンパーの位置確認

図18 ストッパーの作成

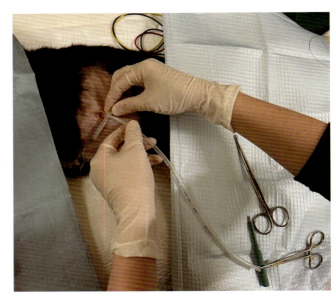

図19 ストッパーの穴にチューブを通す

ダイレーターが皮膚から出るまで、力強く引き抜く（図16）。最後に、ダイレーターがすべて引き抜けるように、少しだけメスで皮膚を切開する。

❿バンパーが胃内の設置部位に来るように最後まで引き抜く。内視鏡でバンパーの位置を確認する（図17）。

⓫チューブを必要な長さのところで切断する。

⓬ストッパーを作成する。余ったチューブを6cm前後の長さに切り、中央を3mmトレパンで穴を開けチューブを通す（図18、19）。ストッパーはキット内のコンパクト固定版を使用してもよい。ストッパーはきつすぎず、ゆるすぎないように、皮膚から数mmのところで止める。

⓭チューブの端にコネクターと混注キャップをはめる（図20）。キット内に付属する接続2ポートアダプターを使用してもよい。

⓮設置後、数日間は胃液や食事の漏れがおきる可能性があるため、ガーゼを数枚挟み、やや圧迫気味に固定する。胃瘻が完成したあとは、Y字ガーゼを使用している（図21）。設置後は猫では伸縮ネット包帯7号を使用しているが（図22）、胃瘻チューブを収納する洋服が販売されているので、それを使用すると見た目もよい（図23）。

❸ 食事の準備と給与

■ 食事量の計算

❶胃瘻チューブにある程度の太さがあるので、リキッド食ではなく、缶詰やパウチの処方食を用いる。食事の重さの2割程度の水を加えてミキサーにかけるとスムーズに給与できる。また、裏ごしすると滑らかになり、食事をシリンジ内に入れやすい。獣医師

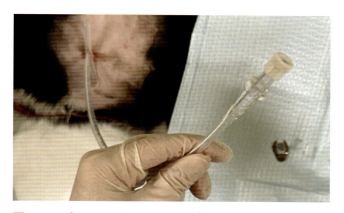
図20　コネクターと混注キャップの装着

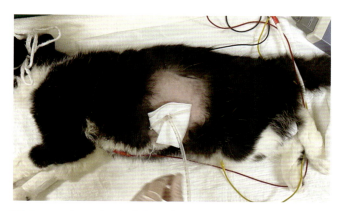
図21　ストッパーと皮膚の隙間にY字ガーゼを挟む

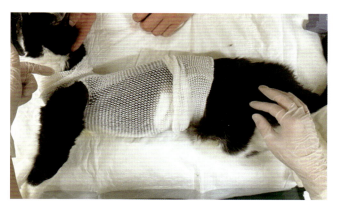
図22　伸縮ネット包帯を着せる

図23　胃瘻チューブを収納する洋服

の好みにもよるが、食べていない猫や犬に対する食事になるので、消化器疾患用の缶詰やパウチを使用することが多い。猫で腎数値の上昇がある場合は、腎臓疾患用の食事を使用することもある。

❷1日に必要な食事量を計算する。作成したミキサー食の総量（mL）から1mLあたりのカロリー数を計算し、1日に必要なミキサー食の量を算出する。

> RER（安静時のエネルギー要求量）＝
> 　　　　　　　　　　　体重×30＋70（kcal）
> ミキサー食1mLあたりの〇〇kcal→
> 　　　　RERに必要なミキサー食△△mL/day

❸1日に必要な量を初日は少量から開始し、嘔吐がなければ、徐々に数日かけて1日必要量に近づけていく。また、体重の経過をみながら、適宜食事量は調整する。

■ 食事の給与の仕方
❶胃瘻チューブの蓋を外し、シリンジを装着する。胃内の液体や食事の残量を確認する。10mL以上前回の食事が残っていれば、吸引した食事をゆっくり胃内に戻し、少し時間を置いてから再度、胃内残量を確認する。黄色い胃液がシリンジ内に入る場合は、胃液をゆっくり戻し、食事を開始する。空気が抜ける場合は、空気のみ捨て、その他の液体は胃内にゆっくり戻す。胃内の残量を確認することで、胃腸の動きを確認できる。また、バンパーが胃内に存在することがわかり、バンパーが胃内から脱落し、腹腔内に食事が誤給与されることを避けることができる。

❷水をゆっくり10mL給与する。

❸ゆっくり食事を投与する。口をくちゃくちゃしたり、流涎したり、気持ち悪そうな行動があれば、いったん食事をストップし、落ち着いたら再開する。

❹内服薬がある場合は、水2〜3mLに溶かし、投与する。

❺水10mLを給与し、その後、チューブ内に液体が残らないように空気を4〜6mL給与する。

4 胃瘻チューブ設置部の感染と局所の腹膜炎

感染および局所の腹膜炎は、胃瘻が完成する設置後2週間以内におきることが多い。とくに皮下脂肪が厚い（胃から皮膚までの距離が遠い）犬や猫、パンティングによって腹壁が動きやすく瘻孔が広がりやすい犬でおきやすい。皮下に胃内容物や胃液が漏れ、周囲の炎症から皮下膿瘍に発展することもある。瘻孔の洗浄や瘻孔の縫合、適切な抗菌薬の内服などで対処する。稀に重度の皮下膿瘍になることがある。その際は、胃瘻チューブを抜去し、胃瘻を縫合、皮下にドレーン設置で洗浄する必要がある。

5 胃瘻チューブの交換は必要か？

最近のチューブは劣化しにくい。抜去しないといけない重度の皮下膿瘍や腹膜炎がおきないかぎりは筆者は使用し続けている。

6 胃瘻チューブの抜去

ティアレの胃瘻チューブが必要なくなった場合は、チューブを胃内になるべく短く切り落とし、胃内から内視鏡の鉗子を用いてバンパーを回収する。その際、バンパー自体は鉗子で掴みにくく滑るので、予め、チューブの根元に太めの糸をくくりつけて胃内に落とすと、糸を内視鏡鉗子で掴むことによってバンパーを簡単に回収できる。

■ おわりに

胃瘻チューブは食事の漏れからはじまる感染や局所の腹膜炎がおきる可能性はあるが、ほとんどの症例で内科的な管理で乗り切れることが多い。今回、ご紹介したチューブを使用するかぎり、致死的な誤抜去はほぼおきないといえる。

誤嚥性肺炎などのおそれがあり、ご家族と患者双方に強いストレスのかかる強制給餌を避けて、胃瘻チューブ設置を検討いただけると幸いである。

周術期管理に知っておくと便利な消化のメカニズム

酪農学園大学 附属動物医療センター　鳥巣　至道

■ はじめに

　周知のとおり、術後は消化機能が落ちるため、食事にかかわるケアは不可欠である。本稿では、まずフードが消化器のなかで消化されていくプロセスの概要を整理する。そのうえで、具体的な症例を通じて周術期の食事管理の手法を解説していく。
　導入として、嘔吐物を例に考えてみたい。
　犬猫を問わず、嘔吐した際にそのフードの形が残存する場合、未消化と判断されることが多い。その嘔吐物はどのくらい経過したあとに吐かれたものか、実際にフードはどのくらいの時間で消化されるのか、フードの形が残っていない場合、吐かれたものが胃液と泡のみの場合など、獣医師は状況に応じて判断する必要がある。なお、胃液は本来透明だが、胆汁が混じると黄色になるため、黄色い場合は十二指腸からの逆流を考慮すべきである。つまり嘔吐物の形状や種類によって色々な情報を得ることができる。

1　ペットフードに関する基礎知識の再確認

■ ドライフードの胃の滞留時間は？

　まず、犬においてドライフードは何時間で胃内からなくなるのか考えてみたい。なお、ドライフードは開封後時間が経過すると酸化し、嗜好性も低下するので、できれば1ヵ月以内、理想的には1週間での消費を目安にしたいところである。
　結論から述べると、ドライフードが胃内で消化される時間は12時間以上であることがほとんどである。以前は6～8時間と論文でも発表されていた[1]が、その研究ではX線検査での確認であり、現在、超音波検査で確認すると8時間経過してもまったくなくなっていないことが多い。つまり摂食後6～8時間後に嘔吐した場合はフードの形状は残っている状況である。これは正常な状態であり、消化が悪いということではない。
　基本的な話として、胃内にフードが入る際、犬猫にかぎらずほとんどが丸飲みの状況であるため、フードの形は変わらない状態で胃内へとすすむ。胃は次第に膨れていき、容量が増え、その分消化能力は低下する。つまり満腹になると消化が悪くなるわけである。その後フードはふやけて液状化し、その先へ流れる。なお、消化管吻合の際、狭窄しないよう径を広くする先生がいるが、胃から腸にすすむ場合、フードはふやけて液状でのみすすむため、大腸はともかく小腸での狭窄は考えにくい。ただし異物の場合は別である。
　話を戻すと、フードは胃内でふやけて液状になり、そのあと胃が蠕動運動し、胃液と撹拌されて十二指腸に流れていく。その際、フードは最大でも2mm以下という状態となる。したがって、異物でも2mm以下のもの、たとえば小石などは流れていくが、5mm以上の異物については、胃内の内容物がすべてなくなったあとに、クリーンナップ作用というものが働き、胃が異物を出そうと無理やり排出しようとする。5mmであればまだ排出できるが、1cmとなると詰まってしまう。そのため、たとえば3年前に食べた桃の種が今になって出てくるというのは十分あり得る。12時間以上消化されないということはドライフードを1日2回食べた場合、胃が空になる状況はほぼない。そのためクリーンナップ作用が生じず、異物は詰まらないわけである。たまたま具合が悪く、食事の間隔が開いた場合、たとえば16時間ほど経過するとクリーンナップ作用が働き、何年ぶりかで異物が十二指腸に流れて閉塞するということが生じる。
　つまり、未消化物の確認がすぐに消化が悪いということにはつながらないのである。たとえば胃酸を抑えようと制酸剤を投与すると逆に消化能力は低下して

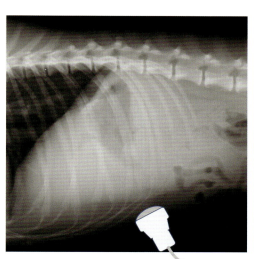
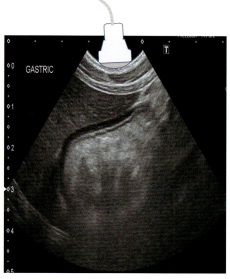

図1　食後6〜8時間後のX線画像（左）と超音波画像（右）
胃と胆嚢の超音波検査は、立位で行う。X線画像ではフードの残りが認められないが、超音波画像では写っており、胃のしわがみえないことが確認できる

しまう。食物は胃酸によって消化されるためである。胃酸過多で胃が痛むことで吐いているのであれば制酸剤は必要だが、たとえば十二指腸液の逆流が生じているときに胃酸を抑えてしまうと、十二指腸液のpHが高めのため、さらに中和できなくなる方向にすすむ。単純に「吐いたから胃酸を抑える」というのは正しい考え方ではない。

胃内をX線検査で確認すると、それほど胃に内容物がないようにみえるが、超音波検査をすると図1のように大量にあることが認められることも多い。図1は摂食後6〜10時間経過後の所見である。一般的には、フード摂取12時間経過後の消化状態を超音波検査で確認すると、まだフードの形が散見される。だからといって消化が悪いわけではなく、通常フードは骨組みが残った状態で中身が溶けて流れていき、最終的に骨組みも溶けて液状となる経過をたどる。その骨組みがみえている状態であるといえる。そして胃内が空になると、エコー所見で胃のしわがみえるようになる。

■ドライフードとウェットフードの消化の早さのちがい

次に、ドライフードとウェットフードのどちらが早く胃が空になるかを考えてみたい。おそらく多くの方は水分の含まれるウェットフードのほうが消化は早いと考えると思われる。結論を述べると、種類にもよるが、それほどちがいはなく、たとえば缶詰タイプで中身がぎっしり入っているものはむしろ消化があまりよくない。

某A社の消化器用フードの消化時間を比較検討したところ、ドライフードは10〜12時間に対し、ウェットフードは12〜25時間（中央値16.5時間）という結果が得られた。某B社の消化器用フードでもドライフード10〜12時間に対し、ウェットフードは15〜17時間（中央値16.5時間）という結果であった。

理由として、まずウェットフードはドライフードと同じカロリーを摂取しようとすると水分が含まれるため、その分ボリュームが大きくなる。先述の通り、胃は膨れると消化能力は低下するため、消化効率の低下につながるというわけである。もう1つは密度の問題であり、ウェットフードでも細かく砕いてあればよいが、ドライフードは粒で表面積が多い分、胃液が付着する面積も広くなる。ウェットフードは大きな塊ともいえるため、フードの塊の内部まで胃液が届きにくく消化効率が悪くなる。たとえば、入院中で食事がしにくい状況の場合、流動食の選択のメリットもあるが、水分で希釈されている分、胃液も希釈されてしまうことを考慮に入れるべきであろう。なお、流動食に使用可能な、2社の缶詰の消化時間も調査したところ、9〜11時間（中央値10時間）、9〜14時間（中央値13時間）という結果であった。つまり、ウェットフードの

ほうが胃からの排出時間は遅い傾向にあった。ウェットフードは嗜好性はよいが、消化によい食物ではないといえる。とくに入院中、ドライフードやウェットフードを検討する際は注意して選択していただきたい。

2 強制給餌にあたり理解しておくべき嚥下のメカニズム

術後に消化機能を回復させるうえで、口の中に食事を入れる行為は重要なことである。食べたことのないものを嫌がること（ネオフォビア、新奇恐怖症）もあるが、筆者の印象としては、猫については、ウェットフードを食べなかったのにドライフードをあげたら食べた例はよくある。

入院中の食事管理において、ドライフードおよびウェットフードを食べない場合は強制給餌となる。この際必要なのは、嚥下のメカニズムの理解である。強制給餌はリスクのある方法であり、理解が足りないと死期を早めることにもつながりかねないため、注意が必要である。

まず呼吸が苦しい動物にとって強制給餌は不可である。チューブフィーディング、少なくとも経口給与は控えるべきである。

その他、バリウム造影で誤嚥が生じた、強制給餌で誤嚥が生じた、強制給餌中に失神もしくはエマージェンシーとなった経験はあるだろうか。なぜこのようなことが発生するか。まずは咽頭の動きを理解する必要がある。

犬猫を問わず、空気は鼻咽腔を通し、気管を通る。食物は口腔から食道を通る。この各々の通り道が喉頭でクロスする構造となっている（図2）。食物を飲み込む瞬間は、舌を上にあげ、軟口蓋を下にさげ、喉頭を喉頭蓋で閉じる（図3-1）。この瞬間食物のある腔内は真空となり、そこから食物を飲み込む流れとなる。空気が多いと体内に多くの空気が入ってしまうため、それを防ぐためのメカニズムである。口腔が真空になった時点で咽頭が開き、食物が通過する。この際は軟口蓋が下がっているために鼻咽腔が閉じるため、鼻での呼吸はできず、もちろん口呼吸もできない（図3-2、3-3）。食物を飲み込むその一瞬は呼吸が止まるわけである。人で餅がつまるという事故がおこるが、これは餅が咽頭で詰まった際、老化などの理由により咽頭で餅を切ることができなくなり、呼吸ができない状態になるためである。この仕組みを理解することが

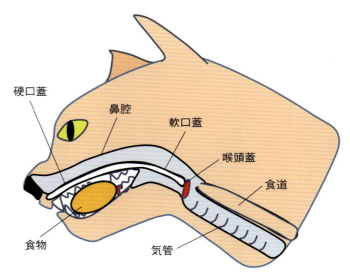

図2　食道と気道の位置関係
口に食物が入っても息ができる

経口給与の際の重要な知識となり得る。

強制給餌のポイントの一つは、食物を飲み込む際、まず下顎を下げるほうが飲み込みやすいという点である。人でも錠剤を飲むとき、実は上を向いて飲むほうが飲み込みにくく、下を向いたほうが飲み込みやすい。

また、口を開けたまま食物を飲み込ませることはかなり難しい。したがって、食物を入れたら、口を閉じさせてから飲み込ませる。口を開けたままだと、先述の真空状態をつくることができにくいためである。飲み込む最中は息ができないため、動物自身のタイミングでうまく飲み込めないまま、強制給餌が続くと、苦しくなり口を閉じようとする（図4-1）。強制給餌のスタッフは短時間で処置をしたいという気持ちから、できるだけ早く給餌しようとする。すると動物は苦しくて息をしようとするため、下がっていた軟口蓋があがり、喉頭蓋が開いてしまい、気管に食物が流れ込むわけである（図4-2）。つまり誤嚥である（図5）。このメカニズムはしっかりと理解していただきたい。

3 症例紹介を交えた周術期における食事管理の解説

これまでの説明をふまえ、周術期における食事管理について、症例報告を交えて解説する。

■ 症例1
雑種猫、3歳8ヵ月齢、去勢雄、体重3.58kg

周術期管理に知っておくと便利な消化のメカニズム

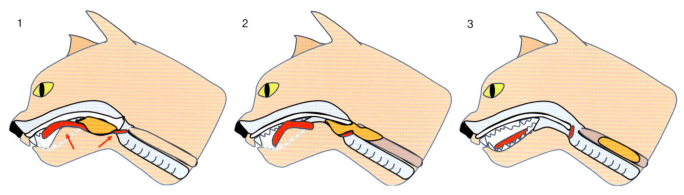

図3　経口摂取時の咽頭の動き
1：舌を上げ、軟口蓋を下げ、喉頭を閉じ、口の中を真空にする
2：食道の入口が開いて、食物が食道に入る。このとき軟口蓋が上がり鼻咽頭に食物が逆流するのを防ぐ。
　　この段階では口呼吸も鼻呼吸もできない
3：食物が喉頭を通過すると気管が開く

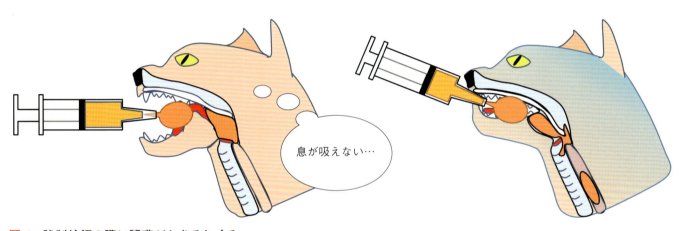

図4　強制給餌の際に誤嚥がおきるしくみ
1：口を開けたまま食物を入れられ続けると息ができなくなる
2：息が苦しくなって口を閉じてもさらに食物を入れられると息を吸うために喉頭が開き、
　　軟口蓋が下がり、食物が気管へ入る

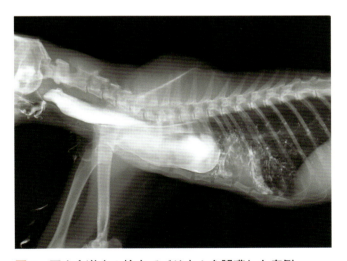

図5　巨大食道症の検査でバリウムを誤嚥した症例

◆ 初診時の所見

　体重減少（1ヵ月前体重4.65kg）、食欲廃絶、空腹時や強制給餌後の嘔吐を主訴に来院した。紹介状では強制給餌を実施しているが容態が悪化しているとのことであった。総ビリルビン（T-Bil）が強制給餌時で4.6mg/dLだったのが、3日間で6.1mg/dLに上昇、黄疸が認められた。

　黄疸があり、肝リピドーシスを疑うことができるが、強制給餌を実施したのにT-Bilが下がらないということはいったいどういうことなのか。ベースの基礎疾患がたとえば膵炎で閉塞性だった場合、強制給餌を実施しても黄疸は回避されない。総胆管腫瘍や胆石の閉塞もあり得る。そのため鑑別診断をしっかり行うことが前提となる。

　血液検査所見では、ALTとALPの上昇が認められた。この所見からもやはり肝リピドーシスが考えられ

31

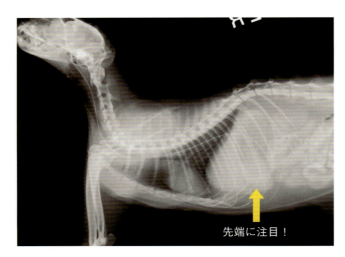

図6　経鼻カテーテルによる食事管理
カテーテルの先端（↑）を胃の中まで挿入すると、胃内残留量と胃内pHを常にモニターできる

る。超音波検査所見でも鎌状脂肪よりも肝臓のほうが高エコーにみえた。

◆ 強制給餌にあたって考慮すべき点

　ここで「肝リピドーシスのジレンマ」を考えてみたい。まず強制給餌が必要になったが、強制給餌をしても吐いてしまう。すると次第に強制給餌を嫌がるようになる。マロピタントで激しい吐き気はコントロールできるが、それでも吐いてしまうような場合1日に必要なカロリーを摂取できない状況となる。すると高アンモニア血症になり、高蛋白食をあげられなくなる。もちろんメトクロプラミドは皮下および経口投与にて使用している。その際に注目すべきは、強制給餌をしたあと、胃が動いているかの確認である。術後管理において思うように食物をあげられない場合、点滴などでカバーすることが多いと思うが、食べられるなら食べさせたほうがよい。そのほうが退院も早まることにつながる。つまり、食事の有無が退院のバロメーターとなる。漫然と点滴を継続しても、消化管は動くようにはならない。胃内に食物を入れることで動くようになる。消化管が動かないと健康な状態にはなっていかないので、まず食べさせてよいかを確認する。胃の運動は超音波検査で確認する。本症例では液体の貯留が認められた。胃内に液体があるということは消化管の動きが悪いということであり、液体状の食物を強制給餌してもよいのか考え直す必要がある。液体がさらに増えるため、胃が膨張し、消化能力が低下することにつながる。そのため、まずは胃の中を空にし、胃が膨らまないようにする必要がある。この状況下でマロピタントを投与し、吐き気を物理的に抑えると、胃内の液体は排出されずいよいよ消化管は動かなくなる。まずは胃を動かすことが大事なのである。十二指腸などの消化管の閉塞がない状況であれば、物理的に胃から十二指腸に流れていくように消化管が動くようにすればよいわけである。

◆ 嘔吐から強制給餌への手順

　胃内にどれだけ液体が貯留しているか確認したい場合は、経鼻カテーテルによる食事管理を実施する。筆者は経鼻カテーテルを入れる場合、猫では8Frがほとんどで、長さをできるかぎり最低限の長さにする。そして先端をななめに切り、口を広くし、少し焼いてあたってもいたくならないようにする。そして胃の中まで挿入する（図6）。胃の中まで入れると、胃内を常時モニターできるというメリットがあるためである。

　嘔吐の治療戦略としては、まず各種検査で胃内における液体の貯留、食物の有無（胃内残留量）を確認する。そして経鼻胃管を設置し、胃液を回収する。なぜ胃液を回収するかというと、胃酸過多で胃が動いていないのかを知るためである。十二指腸の逆流がおきているのに胃酸を抑えてはいけないというのは先述した通りである。そのために胃のpHを測るわけである。また本症例の血液検査では黄疸が認められ、肝リピドーシスが疑われた。胃内残留量の考え方は、前回たとえば50cc食事を入れていて、鼻カテーテルで100cc入ってきたとなるとすでにおかしいわけである。この状態でさらに50cc入れれば嘔吐するのは必然である。

　胃内残留量を測り、液体が取り出せる場合は追加の食物は与えてはいけない。「どのくらいご飯をあげればよいか」とよくスタッフにきかれるが、その際はいつも「動物にきく」と伝えている。胃内に液体があればご飯をあげない、液体がなければご飯をあげればよい。本症例ではpHは弱酸性だったため、制酸剤は使用せず、水分が溜まっていたので消化管を動かす努力をし、吐いている場合は脱水があるので、皮下投与ではなく静脈内点滴で脱水を改善することを決定した。

　この時点で、胃から水分が十二指腸に流れてきたら、カテーテルから液体が抜けなくなってくるので、そこで食物を少しずつ与えるわけである（図7）。

　初期治療としては、まずマロピタントやメトクロプラミドなどの制吐剤を使用する。消化管運動改善としてもメトクロプラミドを使用し、その際はCRIで投

各種検査
・画像での評価
・胃内に液体の貯留
・経鼻胃管の設置
　胃液の回収：pHの測定→pH：5.4
・血液検査

チューブフィーディング
鼻カテーテルで胃内残留量とpHは常時モニター可能

すぐにフルカロリーを入れない

pHは弱酸性なので制酸剤は使用しない

水分が溜まっているので、消化管を動かす努力をする

吐いているので、脱水がある皮下投与は不適切

静脈内点滴で脱水改善（電解質の調整）

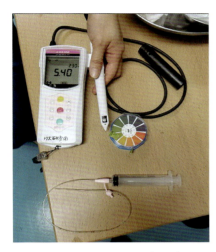
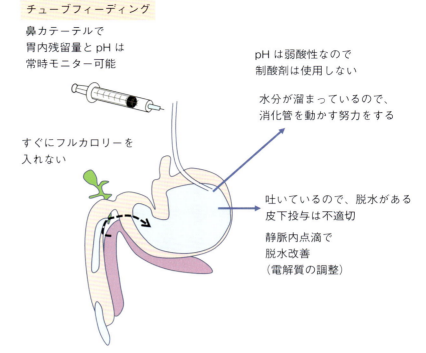

図7　症例1の嘔吐の治療戦略

与する。筆者の入院症例の約6〜7割はメトクロプラミドを使用している印象がある。あとはアミノ酸、生理食塩水もしくは乳酸化リンゲル、消化管が動きはじめたらビタミン剤＋L-カルニチン、分岐鎖アミノ酸（BCAA）製剤の点滴を行う。強制給餌としては、鼻カテーテルが入っているので、リキッドタイプのフードを4〜6回に分けて給与する（表1）。なお、給与量は元の体重で安静時必要エネルギー量（RER）を計算すべきである。そして消化管運動の改善がみられれば徐々に増量する。何ccという少量で頻回与えることが重要である。何度もというのは大変な処置であるが、多くあげたくなる衝動に駆られ、失敗することが多々ある。初期は本当に少量で給与する必要がある。

◆ 本症例で行った食事管理

本症例についてT-Bilと給餌量をみてみると（図8）、カロリーを30%→60%と投与しても、T-Bilは上昇する傾向にある。これは単純にカロリー不足が原因である。代謝が動いてきてはじめてT-Bilは低下する。そのため、カロリーはT-Bilが上がってもしばらくは給与すべきである。T-Bilが上昇するので治療が間違っていると判断し給与を中断すべきではない。カロリーも十分入り、代謝も動きはじめるとT-Bilは次第に下がっていく。本症例は10日目で消化管運動の改善お

よび脱水の改善を認め、点滴を中止、そのうえでT-Bilを観察したが、しっかり低下したまま維持した。
　メトクロプラミドのCRIを中止すると、消化管の運動性が低下したので、胃の超音波検査を実施した（図9）。食後3.5時間で液体の貯留が認められたが、運動自体は問題なしと判断し、モサプリドを追加投与すると、食後5時間で胃内の液体は流れていき、空腹の状態になったことを認めた。消化機能の改善が認められたので、治療方針をそのまま維持とした。猫自身も体調が改善し、活動性もよくなったので、鼻カテーテルを抜去し、経口での食事に切り替えた。

■ 症例2
日本猫、8歳、去勢雄、体重4.1kg

◆ 初診時の所見

元気食欲なし、嘔吐（pH：試験紙で2〜3）、本症例はガストリノーマであり、ファモチジンを20mg/head TIDで管理（通常の6倍量）、また胃瘻チューブで管理中であった。身体検査所見にて、黄疸があり、脱水があり、超音波検査所見では胃内に食物がうっ滞しているのが認められた。血液検査所見では、黄疸指数が4〜6、T-Bilが0.7mg/dLであった。

表1 嘔吐の初期治療

制吐剤投与	・マロピタント ・メトクロプラミド
消化管運動改善	・メトクロプラミドのCRI （作用時間が短いため）
点滴	・アミノ酸点滴 ・生理食塩水 or 乳酸化リンゲル ・ビタミン剤＋L-カルニチン ・BCAA製剤
強制給餌	・リキッドタイプのフード 　（RERの25〜30％）を4〜6回 　に分けて投与 ・消化管の運動が改善してきたら 　徐々に増量する ・Vercure® Liv.（ハーベス）

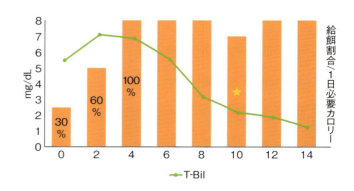

図8 症例1のT-Bilの推移と給餌量
10病日目（☆）に消化管が動きはじめて、脱水も改善できたので点滴を止め、メトクロプラミドのCRIもストップした。
退院に向けて、内服薬で管理を開始した

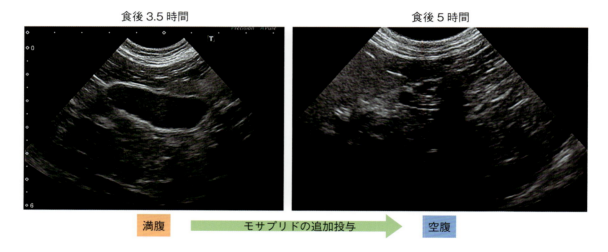

図9 症例1の10病日目の胃
メトクロプラミドのCRIを止めたところ、消化管の運動性が悪化したようなので、胃の超音波検査を実施した

◆ 本症例で行った食事管理

　消化管に注目していくと、本症例にはチューブも入っていて、食物も残存しており（図10）、消化管の運動低下および嘔吐がみられたので、消化管運動改善薬の投与および制吐剤を検討した。黄疸がみられたことで、血液検査と超音波検査を行い、胆管肝炎を疑った。そのため、抗生剤を投与した。あわせてガストリノーマの治療は継続とした。
　消化管運動の促進を目的にモサプリドを0.5mg/kg PO BID、メトクロプラミドを1mg/kg/day CRIを投与した。これでも改善がみられない場合は漢方なども使用する。胆管肝炎の治療として、ミノサイクリン10mg/kg PO BID、ウルソ10mg/kg PO BIDを使用した。その他、マロピタント1mg/kg SC SID、ファモチジン20mg/head TIDを投与した。投薬および食事は胃チューブより投与した。
　第3病日、胃から食物はほぼ流れず、T-Bilも2.8mg/dLに悪化したため、抗生剤をミノサイクリンからメロペネム13mg/kg TIDに変更した。なお、胃チューブを入れている場合は胃液が大量に戻ってくることになる。与えている量より戻って来る量のほうが多く、本症例のpHを測ると1.21と非常に強い酸性を示した。

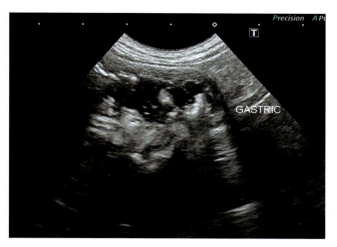

図10　症例2の胃

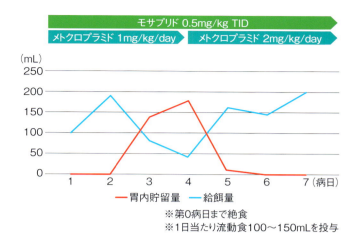

図11　症例2の胃内に残留していた食物と給餌量の推移

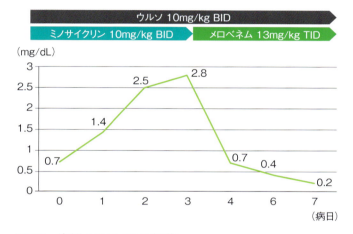

図12　症例2のT-Bilの推移

つまり、酸性の胃液が大量に溜まっていた。この場合は制酸剤を追加投与するのみだが、胃内貯留量と給餌量の推移をみてみると（図11）、消化管の運動の促進が第一なので、メトクロプラミドを倍量（2mg/kg/day）とした。すると消化管の運動がやや改善され、胃内貯留量の減少がみられた。この減少分、給餌量を増加させることができる。当初給餌量を増やすと胃内貯留量が増加したため、給餌量を抑える必要があった。この点を理解しておくことは、誤嚥による死亡を防ぐうえで非常に重要である。胃内にどのくらいのボリュームの内容物があるかをしっかりとモニターする必要がある。周術期管理で術後に患者が亡くなる理由の多くが誤嚥である。誤嚥を防ぐためには先述のように胃内貯留量と給餌量のバランスをモニターしながら調節し、回復へとすすめていく必要がある。消化管を運動させることを最優先させなければ、食事を与えられず、誤嚥で亡くなってしまう。この優先順位をぜひ理解してほしい。

本症例のT-Bilは、第3病日まで上昇を続け、メロペネムに変更してからは数値を下げることができ、第7病日にて0.2となった（図12）。本症例に関しては、給餌量が上がる前にT-Bilが下がっているため、やはり胆管肝炎だったのではないかと推測する。

◆考察

消化管の動きがよくないと判断した際は、まず胃内に食物が貯留しているかをしっかりと確認すべきである。そして、モサプリドやメトクロプラミドなどを投与し、消化管運動を促進させることである。改善が認められなければ、投与量を上げることも考慮すべきである。また、吐き気は抑えるべきである。ただ、吐き気を抑えただけで安心してはいけない。

筆者の考える嘔吐治療の戦略を図13に示す。

膵臓は消化の要

膵臓から分泌される膵液には、炭水化物分解酵素であるアミラーゼ、蛋白質分解酵素であるトリプシンやキモトリプシン、脂肪分を分解する膵液リパーゼ、胃酸の中和を助ける重炭酸などが含まれる。医学領域では、経静脈的な栄養投与（TPNやPPN）において、グルコース、アミノ酸とオリゴペプチド、脂肪のいずれも膵外分泌刺激に安全であるといわれている。また、空腸投与もグルコースや蛋白質、アミノ酸による膵外分泌刺激はわずかだといわれている[2、3]。脂肪投与については、近位空腸であれば膵外分泌刺激はわずかだといわれている[4、5]。膵炎の際は、できるだけ膵

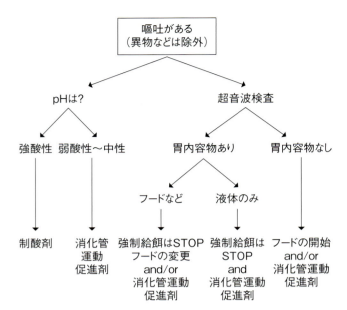

図13 筆者が考える消化のメカニズムをふまえた嘔吐治療の戦略

表2 慢性膵炎の症状に対する薬剤およびサプリメント

症状	薬剤
重炭酸の分泌能が低下	制酸剤の投与
消化能力の低下	消化酵素の過剰投与 一般的な投与量の3〜10倍量
胆汁酸の変性？	ウルソの投与？
微量元素やビタミンの吸収不足	Vercure® Bow.（ハーベス）など

臓を働かせたくないので、経腸、空腸投与を検討すべきである。

重炭酸は、胃酸があってpHが酸性に傾くと、消化酵素とともに膵臓から分泌され、アルカリ性環境を保とうとし、消化酵素を活性化させる役割をもつ。しかし慢性膵炎になると、この重炭酸の分泌が減少し、消化酵素が活性化せず、十二指腸のpHが上昇しないため、リパーゼが通常より急速に失活される。また胆汁酸が変性し、脂肪吸収が阻害される。微量元素の吸収にも障害が出る。

重炭酸の分泌能の低下の対応策としては、重炭酸の分泌を促すのではなく、胃酸の流出を抑えるために制酸剤を投与する。慢性膵炎が考えられる場合、まず胃のpHを上げることで消化のシステムを安定させることが重要である（表2）。

消化酵素剤としては、パンクレアチン、リパクレオンなどがある（表3）。

❺ 症例紹介を交えた膵臓手術後における食事管理の解説

■ 症例3
チワワ、9歳、避妊雌、体重4.4kg

◆ 初診時の所見

既往歴なし、インスリノーマにより膵左葉全摘手術を実施、手術時に経皮-十二指腸チューブを設置した。するとチューブの傷口が感染し、炎症をおこした。皮下膿瘍を形成したため（図14）、チューブを抜去し、デブリードし、経胃-十二指腸チューブに変更した。しかし、再感染をおこし（図15）、チューブを再度抜去した。

◆ チューブフィーディングにおける膵液漏出の課題

経腸チューブの難点として、チューブの外側をつたって液体が漏出する点である。今回は膵液が漏れ出てくることによって感染が発症した。膵炎が重度のときは、空腸チューブはリスクが高い。膵液がチューブの周りの皮膚をとかしてしまうためである。

◆ 経鼻-空腸チューブによる解決

チューブ抜去後、未消化物の嘔吐があり、バリウム造影検査にてバリウムは流れるが胃からの排出が遅いことが認められた。そのため、幽門部の拡張を兼ねて内視鏡下による経鼻-経胃-十二指腸チューブを設置した。設置後、X線検査所見では食物が十二指腸まで到達することが確認できた（図16）。

経鼻-空腸チューブは、非侵襲的な空腸チューブであり、膵液の漏出などの影響もなく、経腸栄養剤の投与でも、膵臓の刺激を最小限に抑えられ、消化酵素と反応させて投与することが可能である。本症例では、膵炎が治まるまで、経腸栄養剤、消化酵素、サプリメントを処方した。ただ、チューブの素材である塩化ビニルが胃酸と反応し固くなり、チューブ抜去時に咽頭でひっかかるというトラブルが発生した（図17）。素材をシリコンに変更することでこの問題は回避可能である。

表3　主なパンクレアチンの機能とリパクレオン

酵素	機能	リパクレオン（高力価パンクレアチン製剤）の力価
プロテアーゼ	蛋白質の分解	パンクレアチンの約7倍
アミラーゼ	でんぷん（炭水化物）の分解	パンクレアチンの約6倍
リパーゼ	脂肪を分解	パンクレアチンの約8倍

※薬用量：100〜200mg/kg 毎食

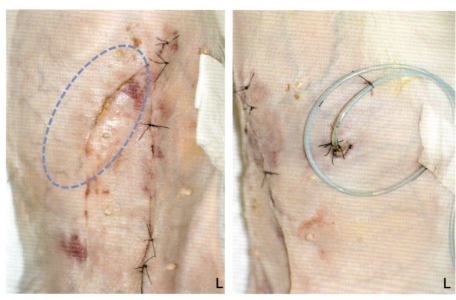

図14　症例3の経皮-十二指腸チューブの皮下膿腫（左）と再設置した経胃-十二指腸チューブ（右）
◯は皮下膿瘍の形成部位。
経皮チューブを抜去し、デブリードののち経胃-十二指腸チューブに変更した

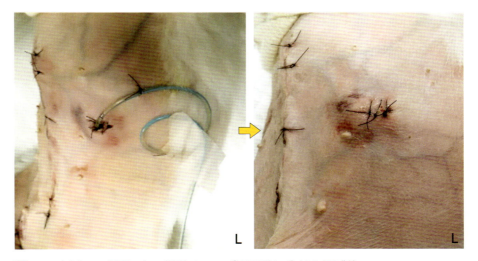

図15　症例2の経胃-十二指腸チューブ設置後に生じた再感染
チューブの傷口が盛り上がり膿が出たため、チューブを抜去した

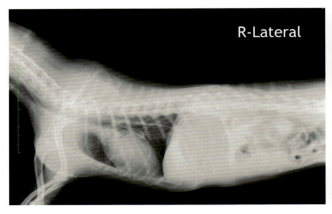
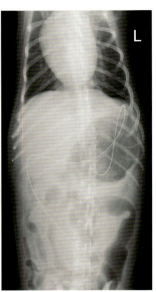

図16　症例3の経鼻チューブ設置後のX線画像

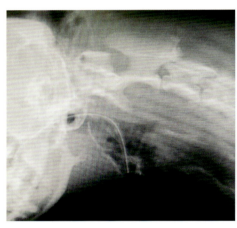

図17　症例3から抜去した経鼻-十二指腸チューブ
飼い主が抜去しようとしたところ抜けなかったため近医でX線検査を行った。
咽頭に引っかかっている様子（左）と硬くなったチューブ（右）

■ おわりに

　術後はどうしても消化管運動は低下するので、その理由を考える必要がある。その際、消化管がどのように動いているのかをふまえたうえで、胃の動きをしっかりとモニタリングすることが重要である。胃は膨れると消化は悪くなるので、薬剤などを使用し、消化管の運動を改善する方向へもっていく必要がある。そして改善が確認されたうえで、次のステップへすすむ。胃が動かないうちに食物を強制給餌すると、窒息や誤嚥につながることは強調しておきたい。超音波検査やチューブフィーディングをうまく活用して、解決策を練っていくべきである。本稿が術後の食事管理に取り組む先生方の一助になれば幸いである。

参考文献

[1] Miyabayashi T, Morgan JP. GASTRIC EMPTYING IN THE NORMAL DOG A Contrast Radiographic Technique. Vet Radiol Ultrasound. July 1984; 25(4): 187-191.
[2] Niederau C, Sonnenberg A, Erckenbrecht J. Effects of intravenous infusion of amino acids, fat, or glucose on unstimulated pancreatic secretion in healthy humans, Dig Dis Sci 1985 May;30(5):445-455.
[3] Klein E, Shnebaum S, Ben-Ari G, Dreiling DA. Effects of total parenteral nutrition on exocrine pancreatic secretion, Am J Gastroenterol 1983 Jan;78(1):31-33.
[4] McArdle AH, Echave W, Brown RA, et al. Effect of elemental diet on pancreatic secretion, Am J Surg 1974 Nov;128(5):690-692.
[5] Grant JP, Davey-McCrae J, Snyder PJ. Effect of enteral nutrition on human pancreatic secretions, J Parenter Enteral Nutr 1987 May-Jun;11(3):302-304.

猫の消化管好酸球性硬化性線維増殖症を深掘り

東京大学 大学院農学生命科学研究科 附属動物医療センター　中川　泰輔

■ はじめに

猫には様々な好酸球性疾患が存在する。その一つである猫の消化管好酸球性硬化性線維増殖症（FGESF：Feline Gastrointestinal Eosinophilic Sclerosing Fibroplasia）は、比較的新しく提唱された疾患概念である。現在のところ不明な点が多く、臨床徴候が多様であるため、診断・治療に苦慮する場合も多い。本稿ではFGESFについて、これまでにわかっていることを、症例紹介を交え、臨床現場で役立つ知見を中心に概説していく。

1 そもそもどんな病気？実際の症例を紹介

FGESFに遭遇したことがないという方もいると思われるため、はじめに典型的なFGESFの症例を紹介する。

■ 症例1
メインクーン、4歳、去勢雄
主訴：1ヵ月前から持続する慢性的な嘔吐

血液検査では好酸球増多症と軽度の低アルブミン血症が認められた（表1）。腹部超音波検査にて幽門付近に5層構造の消失を伴う大型腫瘤および膵十二指腸リンパ節の腫大が認められた（図1、2）。内視鏡検査を実施したところ、十二指腸粘膜の重度肥厚と不整および潰瘍形成が認められた（図3）。内視鏡細胞診検査では多量の好酸球が塗抹され（図4、5）、病理組織検査にてFGESFと診断した。この症例はFGESFの典型例と思われるが、FGESFに関してはいまだ不明な部分も多く、実際には症例のバリエーションも様々であり、一筋縄で診断できるものではない。

2 病因と病態

猫には、好酸球性潰瘍や好酸球性局面、好酸球性肉芽腫など様々な好酸球性疾患が発生することが知られている。FGESFもこれら好酸球増殖性疾患の一つと考えられており、2009年にはじめて提唱された比較的新しい疾患概念である[1]。FGESFは消化管や腹腔内リンパ節に硬い腫瘤性病変を形成し、病理組織学的には大型線維芽細胞の増生やコラーゲン小柱の形成、そして好酸球を主体とした炎症細胞の浸潤といった特徴的な所見を示す（図5参照）ことが知られている。また、FGESFの約半数で病巣内に細菌巣が認められるが、病態との因果関係は依然明らかでない[1]。

なお、2009年にFGESFという疾患が提唱される前に2003年に日本のOzakiらが細菌感染と好酸球浸潤を伴う肉芽腫を認めた猫27例を報告している[2]。この報告の猫と、FGESFがまったく同一のものを示しているのかは明らかではないが、おそらくFGESFに非常に近い、もしくは同一のものを示している可能性が高い。この報告では、腹腔内だけではなく皮膚やリンパ節にも病変の形成が報告されているが、近年それを支持するような報告が増えてきている。それは、消化管外に発生したFGESFの存在である。複数の症例報告にて、FGESFと同等の病理組織像をもつが消化管に病変をもたないものが存在することが明らかになっている[3～6]。このような背景もあり、2022年にZampieriらはFGESFが様々な病因に対する猫の典型的な炎症反応の結果であると考察し、消化管（Gastrointestinal）を抜いたFeline Eosinophilic Sclerosing Fibroplasia（FESF）という名称を新たに提唱している[6]。便宜上、今回はFGESFに言葉を統一するが、必ずしも消化管に限局した疾患ではないという点は理解しておく必要がある。

表1 症例1の初診時血液検査

CBC		生化学			
Ht（%）	28.8	BUN（mg/dL）	18.5	GLu（mg/dL）	150
WBC（/μL）	57,810	Cre（mg/dL）	1.2	Ca（mg/dL）	8.4
Seg	40,754	ALT（U/L）	30	P（mg/dL）	3.7
Lym	4,018	ALP（U/L）	56	Na（mEq/L）	153
Mono	4,018	TP（g/dL）	7.2	K（mEq/L）	4
Eos	8,610	ALb（g/dL）	2.4	CL（mEq/L）	117
PLT（10^4/μL）	65.5	T-Bil（mg/dL）	0.1		

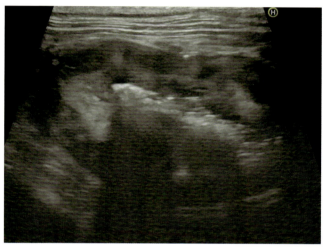

図1 症例1の腹部超音波画像1
幽門から十二指腸にかけて5層構造の消失した大型腫瘤を認めた

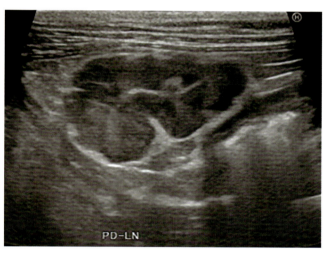

図2 症例1の腹部超音波画像2
近傍の膵十二指腸リンパ節は不均一に腫大。膵十二指腸リンパ節腫大（16×28mm）

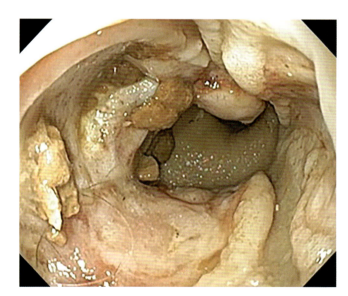

図3 症例1の内視鏡検査の肉眼写真
十二指腸領域に大型の潰瘍および粘膜の隆起・不整が認められた

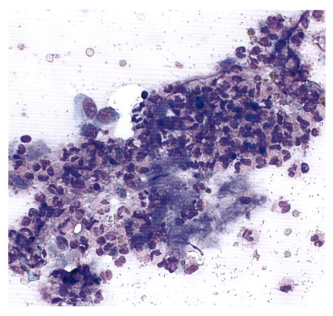

図4 症例1の内視鏡採取標本の細胞診
多数の好酸球と一部に線維芽細胞と思われる紡錘形細胞も認められる

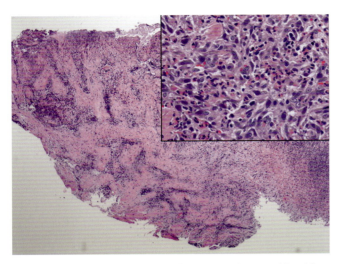

図5 症例1の病理組織標本（弱拡大と強拡大〈右上〉）
線維芽細胞の増生やコラーゲン小柱の形成、好酸球を主体とした炎症細胞の重度浸潤を認める

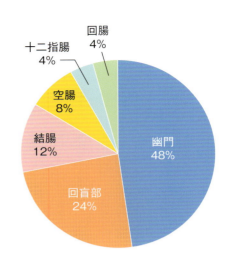

図6 FGESFの発生部位

　FGESFの発症要因は、いまだ明らかにはなっていないものの、何らかの免疫異常が関与していると考えられており、食事や感染症（細菌、真菌、寄生虫）、異物刺激などに対する異常な免疫反応が発症要因として推測されている。実際には、これらの要因に曝露された猫の多くはFGESFを発症しないと考えられることから、何かしらの免疫学的素因をもった猫に対して様々な要因が単一もしくは複合的に絡み合って発症しているのではないかと思われる。

❸ 臨床的特徴

■ シグナルメント [1、7]

　発症年齢中央値は8歳前後だが、若齢から老齢まで幅広い年齢で発生する。雑種猫を含め様々な品種に発生するが、ラグドールが好発猫種の一つとされている。また、発生には雌雄差があり、雄に多く認められる。

■ 臨床徴候と血液検査 [1、7、8]

　臨床徴候は、慢性嘔吐（84〜100％）、体重減少（25〜77％）が認められることが多い。血液検査では、好酸球増多症（25〜58％）、高グロブリン血症（50〜64％）が認められる場合がある。

■ 発生部位 [1、7、8]

　発生部位は、幽門付近（48％）と回盲部（24％）に好発するとされているが、その他の腸（結腸、空腸、十二指腸、回腸）でも発生が認められている（図6）。

　FGESFは名称にGastrointestinalと含まれている通り元来は消化管由来の大型腫瘤とリンパ節腫大（25〜77％）が特徴であった。

　ただし、前述の通り近年になって腸管外の病変の報告がされはじめている。これらは、消化管腫瘤を伴わず、腸間膜のみに限局した病変や後腹膜腔の原発病変を形成したものがある [3、5]。

　また、鼻腔と内側咽頭後リンパ節といった腹腔外の病変でもFGESFと同様の病理組織像を呈す症例 [6] や、消化管病変とともに肝臓や胸腔内リンパ節にて病変が認められた症例などがいる [4]。したがって今後FGESFではなく、FESFとして考えた場合には発生部位は消化管に留まらずあらゆる部位で発生する可能性があると考えられる。

■ 超音波検査

　基本的に、消化管病変では混合エコー性の大型腫瘤が認められ、5層構造の消失が認められる（図7）。他の疾患との鑑別については後述するが、一見すると腫瘍のようにもみえてしまうことから、間違ってネガティブなインフォームを飼い主にしないようにしなければならない。

❹ 診断法

■ 細胞診検査？　内視鏡検査？　外科手術？

　FGESFの確定診断には病理組織検査が必要となる。細胞診検査は、リンパ腫など他疾患との鑑別を行うう

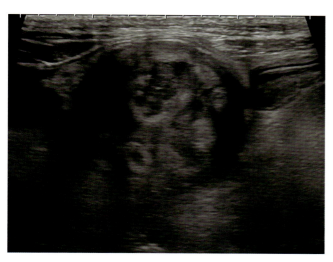

図7 回腸〜結腸領域に認められたFGESFの超音波像
腫瘤内部のエコー源性は重度に不均一である
（回腸〜結腸）

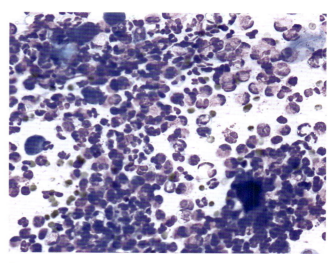

図8 FGESFの消化管腫瘤の細胞診
好酸球が多量に採取されている

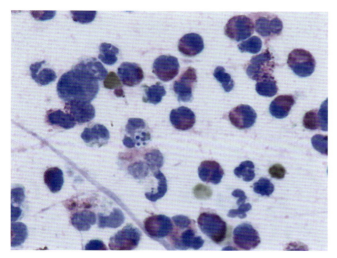

図9 図8と同じ症例の細胞診
多数の好酸球に混じって細菌を貪食した好中球が認められる

えで有用性が高く、超音波ガイド下穿刺吸引細胞診（FNA）では好酸球を主体とした炎症細胞が塗抹されたり（図8）、感染が併発している場合には菌の貪食像が認められることがある（図9）。ただし、リンパ腫症例であったとしてもFGESFと同様に好酸球が塗抹される場合もあることに留意しなければならない。病理組織検査を行ううえで、最も信頼性が高いのは外科手術での全層生検（摘出）である。ただし、FGESFは幽門部が好発部位であり、実際の症例では総胆管など周囲の重要な組織を巻き込んで病変を形成していることも少なくないことから、診断のために開腹下で生検をすることが困難である場合も少なくない。また外科手術が予後を改善するかどうかは現段階では明らかで

はなく、あくまで検査のために行うという立ち位置であることも間違えてはならない。

内視鏡検査は、開腹下生検と比較すると侵襲性が少なく外科的にアプローチすることが難しい場合などには選択肢となり得る。ただし、内視鏡検査でFGESFと診断するには十分なサイズのサンプルが必要となるため、少なくとも、太い内視鏡（9mm）を幽門部〜十二指腸に入れて生検しなければならない。それに加えて病変は線維化を伴うことから非常に硬く生検鉗子では歯が立たないことも少なくない。

■ 注意すべき鑑別疾患

FGESFの重要鑑別疾患として挙げられるのは、猫伝染性腹膜炎（FIP）、T細胞性リンパ腫、骨外性骨肉腫、線維肉腫、そして硬化性肥満細胞腫などである。

◆ 硬化性肥満細胞腫

硬化性肥満細胞腫は、2010年にHalseyらによってはじめて報告がなされた[9]。しかし、この硬化性肥満細胞腫として報告された猫の臨床所見、病理組織像がFGESFときわめて類似していることから、これらは別の疾患ではなくFGESFと同じ疾患ではないかということが指摘されている。CraigらがFGESFを発表したのが2009年、Halseyらが硬化性肥満細胞腫を発表したのが2010年と、非常に近しい年代での発表となったことからこのような事態がおきたと考えられる。Halseyらの報告した病態がFGESFとはまた別の疾患として本当に存在するのか、もしくは同一なものなのかについては、まだ明らかではない。

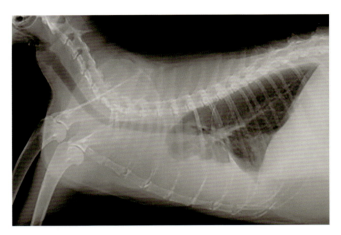

図10　症例2の胸部X線写真
胸水の重度貯留が認められた

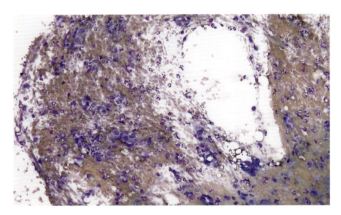

図12　症例2の回盲部腫瘤の細胞診
好中球やマクロファージが多数認められ、好酸球はほとんど認められない

なお、臨床上、とくに問題になるのはFGESFとFIPおよびリンパ腫との鑑別についてである。ここでは実際に遭遇したFGESFに類似したFIPの症例、リンパ腫の症例をご紹介したい。

 症例紹介

■ 症例2
雑種猫、8歳、去勢雄
主訴：活動性と食欲の低下

　X線検査にて胸水貯留（図10）、腹部超音波検査にて回盲部筋層発生の大型腫瘤が認められた。腫瘤の5層構造は残存していた（図11）。回盲部腫瘤のFNAでは、好中球やマクロファージを主体とした炎症細胞浸潤が認められた（図12）。胸水の遺伝子検査にて、猫コロナウイルスが陽性であったことからFIPと診断した。

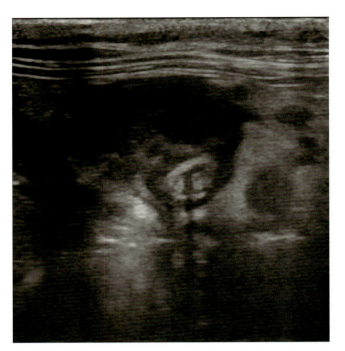

図11　症例2（FIPの症例）で認められた回盲部に発生した大型腫瘤
5層構造はまだ完全に破壊されていない

　過去の報告では、病理組織学的にFIPと診断した156頭のうち26頭（16％）で孤立性消化管病変が認められた。発生部位は、結腸46％、回盲部31％、小腸23％であり、大きさは1～15cmと巨大化する場合もある[10]。消化管に腫瘤性病変をみつけるとついつい、「腫瘍」と考えてしまう方が多いかもしれないが、FGESFやFIPといった非腫瘍性疾患も比較的大きな腸管腫瘤を形成することを忘れてはならない。FIPを伴う消化管病変は、ときに5層構造の消失を伴う腸病変が複数認められるといったリンパ腫と類似した画像所見を呈することにも注意が必要である。

■ 症例3
アメリカン・ショートヘア、6歳、去勢雄
主訴：慢性の消化器症状

　本症例は、身体検査でわかるほどの大きな腫瘤性病変の形成、血液検査では好酸球増加症が認められた。超音波検査では空腸の一部で重度の筋層の肥厚とともに、腫瘤性病変の形成が複数認められた（図13）。腹水性状は滲出液で、細胞成分の約80％が好酸球であり、腫瘍を示唆する細胞成分は認められなかった（図14）。空腸リンパ節、腸管病変のいずれも針を刺した感触は硬く、少量の好酸球が塗抹されたのみで、診断につながる細胞成分は認められなかった。細胞診での

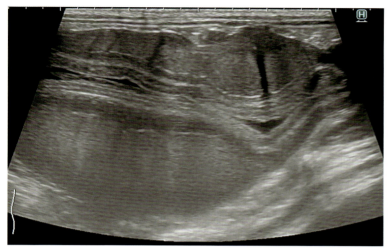

図13 症例3（T細胞性リンパ腫の猫）に認められた小腸腫瘤
層構造はわずかに残存しておりエコー源性は比較的均一である

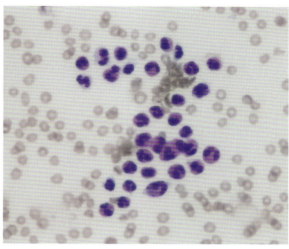

図14 症例3の腹水沈渣細胞診
好酸球がわずかに採取されただけで、リンパ球などは認められない

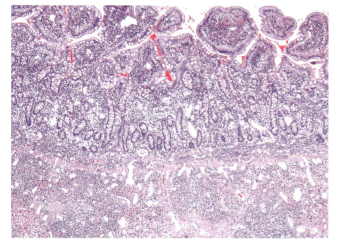

図15 症例3のT細胞性リンパ腫の病理組織像
腫瘍細胞が粘膜筋板を越えて広範囲に浸潤している

診断が困難であったため、本症例は開腹下での消化管生検にすすみ、病理組織検査の結果、T細胞性リンパ腫と診断された（図15）。

本症例は、消化管腫瘤の存在だけでなく末梢血中の好酸球数の増加や、腫瘤自体が非常に硬いという性質などがFGESFに類似する部分が多く、診断には非常に苦慮するものであった。リンパ腫とFGESFは予後や治療方針が大きく異なるため、病理組織検査を行わずに安易にFGESFと仮診断してしまうことは非常に危険であり、病理組織検査での確定診断をつけることの重要性を再認識させられた症例であった。

6 治療と予後

FGESFに対する治療方法と予後についての情報は限られている。病巣内に細菌感染を伴うことが多いが抗菌薬だけでは治療としては不十分であり、プレドニゾロンなどの免疫抑制治療を併用することが必要である。診断もしくは治療を目的とした外科切除を実施することもあるが、外科切除単独では再発する場合もあり、やはり内科治療を組み合わせた複合的な治療が必要である。プレドニゾロン以外の免疫抑制剤としてシクロスポリンを使用した例が報告されている[3]が、まだ十分なエビデンスは示されていない。また可能なかぎり原因となりそうな疾患の除外と治療（食事変更や駆虫薬など）を行うのも重要である。

■ おわりに

FGESFはいまだに病態が不明確な部分が多い疾患であり、今後の研究次第では今回説明した内容も変わってくる可能性がある。そのため今回の内容だけを鵜呑みにせず、これからも定期的に新しい情報をフォローアップしていただきたい。また、病態にはかなりのバリエーションがあり様々な臨床像を取り得るということ、一見すると悪性腫瘍のように思われるほど派手な画像所見を示すという2点は非常に重要であり、FGESFの可能性は常にあることを意識しながら診療にあたっていただければと思う。

参考文献

[1] Craig LE, Hardam EE, Hertzke DM, et al. Feline gastrointestinal eosinophilic sclerosing fibroplasia. Vet Pathol. 2009; 46:63-70.

[2] Ozaki K, Yamagami T, Nomura K, et al. Abscess-forming inflammatory granulation tissue with Gram-positive cocci and prominent eosinophil infiltration in cats: possible infection of methicillin-resistant Staphylococcus. Vet Pathol. 2003; 40: 283-287.

[3] Kambe N, Okabe R, Osada H, et al. A case of feline gastrointestinal eosinophilic sclerosing fibroplasia limited to the mesentery. J Small Anim Pract. 2020 Jan; 61(1): 64-67.

[4] Munday JS, Martinez AW, Soo M. A case of feline gastrointestinal eosinophilic sclerosing fibroplasia mimicking metastatic neoplasia. N Z Vet J. 2014; 62: 356-360.

[5] Thieme ME, Olsen AM, Woolcock AD, et al. Diagnosis and management of a case of retroperitoneal eosinophilic sclerosing fibroplasia in a cat. JFMS Open Rep. 2019; 5: 2055116919867178.

[6] Zampieri B, Church ME, Walsh K, et al. Feline eosinophilic sclerosing fibroplasia - a characteristic inflammatory response in sites beyond the gastrointestinal tract: case report and proposed nomenclature. JFMS Open Rep. 2022; 8:20551169221117516.

[7] Linton M, Nimmo JS, Norris JM, et al. Feline gastrointestinal eosinophilic sclerosing fibroplasia: 13 cases and review of an emerging clinical entity. J Feline Med Surg. 2015; 17: 392-404.

[8] Weissman A, Penninck D, Webster C, et al. Ultrasonographic and clinicopathological features of feline gastrointestinal eosinophilic sclerosing fibroplasia in four cats. J Feline Med Surg. 2013; 15: 148-154.

[9] Halsey CH, Powers BE, Kamstock DA. Feline intestinal sclerosing mast cell tumour: 50 cases (1997-2008). Vet Comp Oncol. 2010; 8: 72-79.

[10] Harvey CJ, Lopez JW, Hendrick MJ. An uncommon intestinal manifestation of feline infectious peritonitis: 26 cases (1986-1993). J Am Vet Med Assoc. 1996; 209: 1117-1120.

食道アカラシアを知っていますか？
犬の巨大食道症を正しく診断し治療する

どうぶつの総合病院 専門医療＆救急センター　佐藤　雅彦

■ はじめに

　巨大食道症とは、食道全域の拡張および食道の蠕動異常を呈する状態を指し、いくつかの基礎疾患が原因でおこると考えられている。先天的もしくは後天的な食道の機能異常によっておこると考えられていたが（表1）、人と同様犬においても、巨大食道症の症例のなかに食道アカラシアという下部食道括約筋の異常をおこす疾患により食道拡張が引き起こされる例もいることが近年わかってきた。

 食道アカラシア

■ 病態

　食道アカラシアとは、下部食道括約筋を支配する筋層間神経叢の変性により下部食道括約筋の弛緩障害がおきる病態を指す。先天的な場合もあれば、後天的な場合もあり多くの場合は原因が不明で特発性と診断される。犬では稀な病態と考えられていたが、近年X線透視による嚥下および食道機能検査を行った研究によると、全域の食道拡張が認められた犬のうち約60％が食道アカラシア様の検査結果であったと報告され（図1）、犬でも稀な病態ではなく、巨大食道症の原因に食道アカラシアも含まれていることが示唆された[1]。食道アカラシアは食道機能不全の症例と病態が異なり、その治療法も変わってくるため両者の鑑別を行うことは重要であると考えられる。

■ 診断

　医学領域において食道アカラシアの確定診断は高分解能食道内圧検査により、嚥下した際の上部食道括約筋から食道および下部食道括約筋までの内圧を測定することにより行われる。嚥下した際に下部食道括約筋圧が下がらないことにより食道アカラシアと診断さ

表1　かつての巨大食道症の分類

	説明
先天性	食道の蠕動運動を支配する筋・神経の発達異常 （ジャーマン・シェパード・ドッグ、ミニチュア・シュナウザーなど）
後天性	特発性 vs 二次性 内分泌疾患：甲状腺機能低下症、 　　　　　　副腎皮質機能低下症 多発性筋炎・神経炎 重症筋無力症 その他：鉛中毒など

れ、同時に食道内圧の状態によりいくつかのタイプに分けられる。臨床研究も兼ねて一部のアメリカの獣医大学病院では医学同様に高分解能食道内圧検査により食道内圧を測定することが可能であるが、測定用の医療機器が非常に高額であるため普段の診療でルーチンに行うことは現状困難である。そのため、その代替としてX線透視を用いた嚥下検査（VFSS）が推奨されている。X線透視を用いた嚥下検査において、嚥下時に下部食道括約筋が開かないことを確認することにより食道アカラシア様の変化として診断される（図2）。さらに食道の蠕動運動も評価することで食道アカラシアのタイプ分けも可能であると考えられているが（図2）、その評価もやや主観的な側面もあるため、今後、より客観的で統一された基準が必要と考えられる。残念ながら、静止画である単純X線を用いた造影検査では食道アカラシアの診断には難しいが、立位などにしてある程度時間が経っても造影剤が胃内に入っていかない場合は、食道アカラシアが疑われるかもしれない。

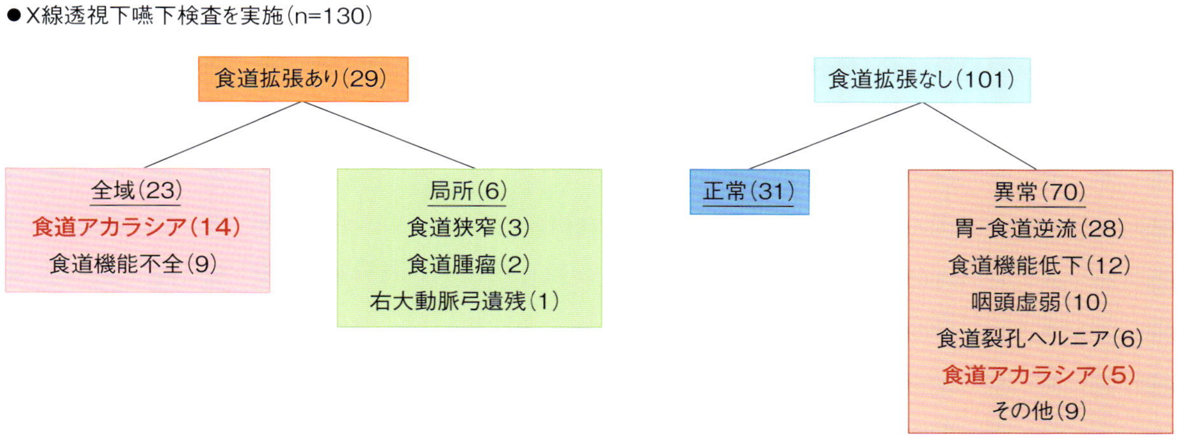

● X線透視下嚥下検査を実施（n=130）

食道拡張あり（29）
- 全域（23）
  - 食道アカラシア（14）
  - 食道機能不全（9）
- 局所（6）
  - 食道狭窄（3）
  - 食道腫瘍（2）
  - 右大動脈弓遺残（1）

食道拡張なし（101）
- 正常（31）
- 異常（70）
  - 胃-食道逆流（28）
  - 食道機能低下（12）
  - 咽頭虚弱（10）
  - 食道裂孔ヘルニア（6）
  - 食道アカラシア（5）
  - その他（9）

図1　食道アカラシア（犬）[1]

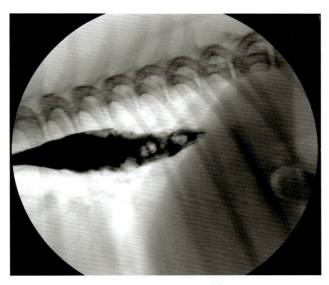

- 嚥下時に下部食道括約筋が開かない
- 下部食道括約筋付近のBird beak（鳥のくちばし）
- タイプ分けもできる可能性
  Type I：一次蠕動*および二次蠕動**の完全欠如
  Type II：一次蠕動および二次蠕動が弱い
  Type III：遠位1/3食道付近で強い蠕動や収縮

* 水や食事の咽頭から近位食道付近での勢いのある蠕動
** 食道拡張による刺激からの蠕動（非飲食時で評価）

図2　X線透視下嚥下検査（VFSS）[1]

■ 治療

特発性食道機能不全の巨大食道症の場合は、特異的な治療はなく、これまで通り食後に立位で保持するなど対症療法が主体となるが、食道アカラシアの際には下部食道括約筋圧を下げる治療が適応となる。犬において報告のある治療としては、バルーンやブジーなどを用いて下部食道括約筋を拡張したのち、下部食道括約筋周囲に内視鏡ガイド下でボツリヌス毒素を注入する方法や、外科的に食道筋層切開を行い噴門形成術を行う方法、また内科的治療としてはシルデナフィルで下部食道括約筋を弛緩させることにより症状の緩和を図る方法が挙げられる。拡張とボツリヌス注射による治療は、治療直後に症状の改善は認められるものの長期間持続しないため（表2）、以下のような外科治療が根治的な治療としては推奨される[2]。

<外科治療>
・機械的拡張＋ボツリヌス注射で一次改善した6症例に対し筋切開術＋噴門形成術を実施
・フォローアップ期間（中央値7ヵ月；1～21ヵ月）は全症例で改善維持
・2例は術後6ヵ月後の再VFSSで食道径と食道運動性の改善を認めた。

シルデナフィルを使用した巨大食道症に対する報告はいくつか存在するがその治療効果はまちまちであり、おそらく病態のちがい（食道アカラシア vs 食道機能不全）や投薬方法、もしくは個体間による反応性のちがいなどが影響していると考えられる。シルデナフィルの下部食道括約筋に対する効果は人だと短く投薬後10分から1時間程度と考えられており、犬で調べ

表2 拡張およびボツリヌス毒素注射による治療 [2]

事項	説明
再診 (中央値21日；14〜25日)	ご家族の主観的な臨床的改善は100% 治療前後で体重、ボディ・コンディション・スコア(BCS)、吐出頻度に有意差
合併症	2例で報告された。 誤嚥性肺炎(1例)、Ⅳ型食道ヘルニア(1例)
効果の持続時間中央値	40日(17〜53日)

た報告はないが人と同様の持続時間であるとすると、おそらくTIDでの投薬頻度で、食事のタイミングもその効果が持続している時間を狙って与えていくなどの用法により、以下のように薬剤の効果を最大限引き出せる可能性があると考える。

<シルデナフィルの下部食道括約筋への作用>
・シルデナフィルの下部食道括約筋に対する効果
人：投薬後10分〜1時間
犬：不明だが最高血中濃度は1〜2時間、半減期3〜5時間で人と同様に投薬後10分〜1時間程度の可能性
・シルデナフィルは粉にして水など5mLと投薬、立位保持
→ 5〜10mL程度のペースト食 → 投薬後20分後くらいから給与

■ おわりに

これまで単純X線などで巨大食道症(食道機能不全)と診断されていた症例のなかには一部食道アカラシアが含まれている可能性があり、X線透視検査を行うことで食道アカラシアかどうかを判断することが可能である。治療管理やご家族へのインフォームを適切に行ううえでも、まずは正しい診断が必要であると考えられる。

参考文献

[1] Grobman ME, Schachtel J, Gyawali CP, Lever TE, Reinero CR. Videofluoroscopic swallow study features of lower esophageal sphincter achalasia-like syndrome in dogs. J Vet Intern Med. 2019 Sep; 33(5): 1954-1963.

[2] Grobman ME, Hutcheson KD, Lever TE, Mann FA, Reinero CR. Mechanical dilation, botulinum toxin A injection, and surgical myotomy with fundoplication for treatment of lower esophageal sphincter achalasia-like syndrome in dogs. J Vet Intern Med. 2019 May; 33(3): 1423-1433.

猫の便秘には結局何が効果的？
猫の便秘に対する内科治療を総括する

どうぶつの総合病院 専門医療＆救急センター　佐藤　雅彦

■ はじめに

本稿では猫の特発性結腸機能不全の内科治療を取り上げる。まず、他の排便機能障害との鑑別について概説したのち、臨床で用いられる処方について解説していく。

　猫の便秘の鑑別

排便障害を認めた際には大きく解剖学的（器質的）な異常が原因か機能的な異常が原因か鑑別をすすめていくが（図1）、猫の便秘の60〜70％の原因は特発性結腸機能不全・巨大結腸症であるとされている。猫の特発性結腸機能不全・巨大結腸症がおこる原因は不明だが、結腸の病理組織検査では、消化管蠕動運動のペースメーカーなど重要役割を果たすカハール間質細胞の減少や筋層間神経細胞減少およびアポトーシス増加が認められ、炎症など何らかの理由で蠕動運動を司る消化管神経ネットワークに障害がおきていることが知られている。言葉の定義はやや曖昧であるが、基本的に巨大結腸症とは、持続的で非可逆的な結腸拡張が認められ、自力排便ができず、内科治療に反応しない状態を指すと定義づけている報告が多いため、結腸拡張はあるものの多少なりとも自力排便が可能であったり、食事や薬物療法に反応が認められる状態は結腸機能不全とよぶほうが正しいのではないかと思う（図2）。そのため巨大結腸症と診断した際の治療選択としては外科治療のみが適応となる。

巨大結腸症の可能性が高いかどうかを初診時の腹部X線の結腸の拡張程度で予測できないかを評価した研究によると、結腸の最大径/L5の比を算出した際に、1.48＜だと感度77％、特異度85％、1.62＜で特異度100％であったため、初診時の結腸の拡張程度で、非可逆的で内科治療などに反応しない（巨大結腸症）可能性が高そうかどうかをある程度判断できるという報

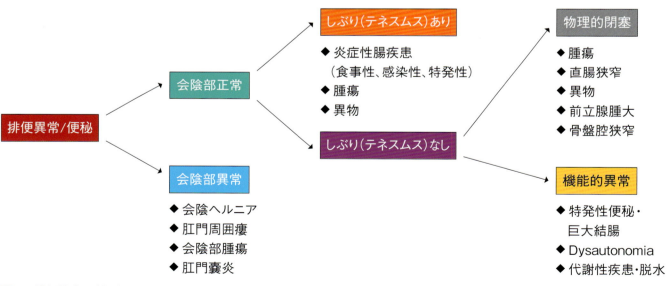

図1　排便障害の鑑別

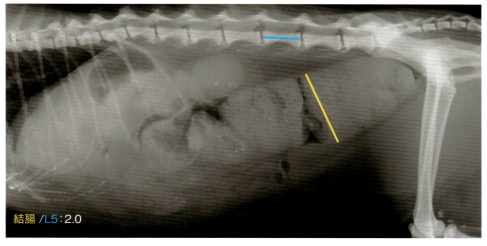

図2 巨大結腸症と結腸機能不全の鑑別[1]
巨大結腸症は一般的に、「持続的・非可逆的な結腸拡張」があり「自力で排便不可能」で「内科治療に反応しない」状態であると定義される。
本図は3ヵ月以上内科治療に反応せず外科手術を行った症例のX線画像である。
初診時X線で一番拡張している結腸径/L5による巨大結腸症の可能性予測は、1.48＜では感度77％・特異度85％であり、1.62＜では特異度100％であった

表1 便秘症状の期間と結腸拡張[2]
便秘症状の期間＜6ヵ月と6ヵ月≦を比較

	＜6ヵ月	6ヵ月≦
結腸/L5	1.67＋/－0.11	2.17＋/－0.82
神経節細胞数 なし～正常（0～3）	2.87	0.93
筋細胞壊死 正常～重度（0～3）	0.07	2.25
内科治療への 反応（％）	66.7	5.6

表2 浸透圧性下剤と刺激性下剤

	特長	例
浸透圧性 下剤	・吸収されない 　塩類や糖類 ・薬剤耐性、 　刺激性がない	酸化マグネシウム ラクツロース ポリエチレングリコール など
刺激性 下剤	・結腸を刺激し 　腸の運動を促す ・薬剤耐性、 　刺激性がある	ピコスルファートNa センナエキス など

告もある（図2参照）。

また、便秘症状の期間が6ヵ月以上と長い症例と6ヵ月未満の症例を比較した際に、症状の期間が長いほど最大結腸径/L5が高く、結腸の病理組織学的な変化も重度であり、内科治療に反応性が悪かったとする報告もあるため（表1）、結腸機能不全が進行し、最終的に非可逆的変化につながっていくことが示唆されている。このため、なるべく自力排便可能な結腸機能不全の状態の際に治療介入を図り、非可逆的な巨大結腸症への進行を防ぐことが重要であるとも考えられる。

❷ 猫の特発性結腸機能不全（便秘）に対する内科治療

人の慢性便秘症の管理と同様、猫の結腸機能不全の中心となる内科治療として1）下剤、2）消化管運動促進薬、3）食事管理・繊維、4）プロバイオティクスが挙げられる。

1）下剤

下剤は浸透圧性下剤と刺激性下剤に大きく分けられるが（表2）、刺激性下剤の長期使用は治療耐性や虚血性大腸炎のリスクもあることから医学では推奨されておらず、浸透圧性下剤を中心に管理することが推奨されている。そのため猫でも基本的には下剤は浸透圧性下剤の使用が推奨される。猫で使用される代表的な浸透圧性下剤としてはラクツロースかポリエチレングリコールがある。医学領域においてはポリエチレングリコールのほうがラクツロースより便秘管理において有効性が高いと考えられているが、猫では調べられ

表3 消化管運動促進薬[3]

薬剤名	機序	作用場所	薬用量
シサプリド	セロトニン作動（5HT$_4$）	胃幽門洞、LES 小腸、結腸	0.5mg/kg BID PO
プルカロプリド	セロトニン作動（5HT$_4$）	胃幽門洞、小腸、結腸	0.05〜0.5mg/kg BID PO
モサプリド	セロトニン作動（5HT$_4$）	胃幽門洞、結腸？	0.5〜2mg/kg BID PO
メトクロプラミド	セロトニン作動（5HT$_4$） ドパミン拮抗（D$_2$）	胃幽門洞、十二指腸？	0.5mg/kg TID PO SC 1〜2 mg/kg/日 CRI

表4 繊維分類

種類	例	機能
可溶性 粘稠、遅発酵	サイリウム	・水に溶けジェルを形成するが、発酵はされにくい ・ジェルは結腸まで届き硬い便の軟化、軟便の硬化作用をもつ
可溶性 非粘稠、速発酵	イヌリン デキストリン コムギ	・水に溶けやすく素早く発酵される
可溶性 粘稠、速発酵	ガム マンナン ペクチン	・水に溶けジェルを形成するが比較的早く発酵されなくなる
非可溶性	ふすま セルロース リグニン	・腸粘膜に刺激を与え粘液分泌および蠕動を促進する

ていないため現状どちらの使用でも問題ないと考えられる。

2）消化管運動促進薬

医学領域において慢性便秘症に対するシサプリドやプルカロプリドの有効性は認められており、その使用は推奨されているがその2剤は国内での入手が困難である。国内で入手可能なモサプリドもエビデンスレベルは劣るものの、その有効性が示唆されているため現状国内ではモサプリドの使用が推奨される。そのため、エビデンスは少ないものの猫の結腸機能不全においてもモサプリドの使用は妥当性があると考えられる。メトクロプラミドは結腸の蠕動運動亢進作用は弱いためその使用は推奨されていない（表3）。

3）食事管理・繊維

医学領域ではエビデンスレベルは低いものの、食事管理や運動、腹壁マッサージなど生活習慣の改善は慢性便秘症の管理で提案されている。繊維のなかでもとくに、可溶性・粘稠・遅発酵のサイリウム（表4）は、腸内細菌叢の改善や発酵により短鎖脂肪酸へ変換され結腸機能を改善する可能性が示唆されている（図3）。猫の便秘に対してサイリウムを強化した食事は排便改善効果があったとする報告も存在する（図4）。可溶性繊維を豊富にした療法食を食べてくれない場合は、サプリメントとして通常の食事に対してサイリウムを添加するなどして与えることも可能である。

4）プロバイオティクス

医学領域の慢性便秘症ガイドラインにおいてもプロバイオティクスの使用は提案されており、*Lactobacillus* や *Bifidobacterium* の単種あるいは複数種のプロバイオティクス製剤が排便回数の増加に有効であることが報告されている。

猫においても慢性便秘症の症例に対して、*Bifidobacterium* や *Lactobacillus* など複数種が混ざったプロバイオティクス（SLAB51TM〈サイボミックス®、Zpeer〉）は臨床研究において効果が認められている（図5）。慢性便秘症の猫に対して、猫用のサイボミックス®を用いた日本国内の臨床データにおいて

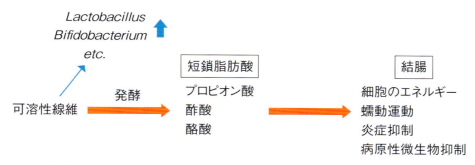

図3 繊維の消化管への影響

症例の内訳	Trial 1：1施設：特発性便秘10例、巨大結腸1例、etc Trial 2：多施設：特発性便秘30例、巨大結腸6例、etc
食事	消化器サポート可溶性繊維ドライ： サイリウム強化食（総食物繊維11.3%）
評価	食事変更して1および2ヵ月目で反応性評価
結果	Trial 1：試験終了時の主観的な排便の改善 93%、 　　　　　糞便の硬さ改善（軟化） Trial 2：試験終了時の主観的な排便改善 82%、 　　　　　糞便の硬さ改善 　　　　　66%の症例でラクツロース、 　　　　　61%の症例でシサプリドが休薬可能

図4 猫の慢性便秘症と食事
猫の慢性便秘症に対するサイリウム強化フードの効果を検証した報告[4]

症例	治療抵抗性の便秘猫10例 （慢性便秘：7例、巨大結腸：3例）
治療	90日間サイボミックス®投与
治療前生検	・炎症 ・カハール間質細胞減少 ・腸管神経叢アポトーシス増加
治療後	・便秘改善（10段階評価：7.7→1.8） ・結腸炎症減少、カハール間質細胞増加

図5 サイボミックス®の便秘への効果[5]

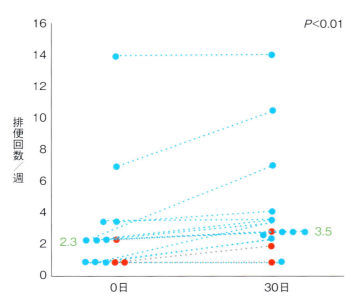

改善率69%

SID vs BIDは関係なし
巨大結腸症では反応に乏しい

飼い主満足度86%

便が出しやすくなった
便の性状が改善
匂いが改善
など

Zpeer調べ

図6 便秘に対する猫用サイボミックス®の効果
排便障害猫13例（3例巨大結腸症、10例便秘）に猫用サイボミックス®
猫用カプセル SID（4例）〜BID（9例）で投与

も、排便状態および飼い主の主観的評価で改善効果が認められている（図6）。

内科治療後の指針

初診時糞便塊が重度に認められる症例では、水和状態を改善したのち、可能なら麻酔下で浣腸および用手にて糞便摘出を行ったのち、上記1）〜4）の内科治療を行う。その後2ヵ月程度継続して評価を行い、自力排便が難しいという状況であれば外科的に結腸亜全摘を検討するというのが治療指針として提案される（図7）。

■ おわりに

猫の巨大結腸症は慢性便秘が悪化した結果おきてくる非可逆的な状態である可能性が示唆されているため、自力排便が可能な状態から積極的な内科管理を行い、巨大結腸症へ移行するのを予防することが重要であると考えられる。

1. 糞便塊重度貯留は
   浣腸・用手での糞便摘出

2. ラクツロース or ポリエチレングリコール
   ＋ モサプリド
   ＋ 食事変更 or サイリウム
   ＋ プロバイオティクス

3. 2〜3ヵ月効果なければ
   結腸亜全摘検討

図7　猫の特発性結腸機能不全・巨大結腸症への対応

参考文献

[1] Trevail T, et al. Radiographic diameter of the colon in normal and constipated cats and in cats with megacolon. Vet Radiol Ultrasound. 2011 Sep-Oct; 52(5): 516-20.

[2] Abdelbaset-Ismail A, et al. Use of radiographic and histologic scores to evaluate cats with idiopathic megacolon grouped based on the duration of their clinical signs. Front Vet Sci. 2022 Dec 16: 9: 1033090.

[3] Husnik R & Gaschen F. Gastric Motility Disorders in Dogs and Cats. Vet Clin North Am Small Anim Pract. 2021 Jan; 51(1): 43-59.

[4] Freiche V, et al. Uncontrolled study assessing the impact of a psyllium-enriched extruded dry diet on faecal consistency in cats with constipation. JFMS 2011 Dec; 13(12): 903-11.

[5] Rossi G, et al. Effects of a probiotic (SLAB51™) on clinical and histologic variables and microbiota of cats with chronic constipation/megacolon: a pilot study. Benef Microbes. 2018 Jan 29; 9(1): 101-110.

膵臓の外科解剖

（公財）日本小動物医療センター 外科　藤田　淳

■ はじめに

膵臓の腫瘍、たとえばインスリノーマは、手術が成功すれば、長期延命を図ることが可能である[1、2]。しかし、膵臓手術後の死亡リスクは犬で10%、猫で20%とも報告され[3]、循環不全や手術侵襲が術後膵炎のリスクファクターである。したがって外科医には、正しい知識と技術をもち、可能なかぎり低侵襲な手術を行うことが求められる。技術的な話は他稿に譲るとして、本稿では、実際に手術に際して重要な解剖学的なポイントを解説する。

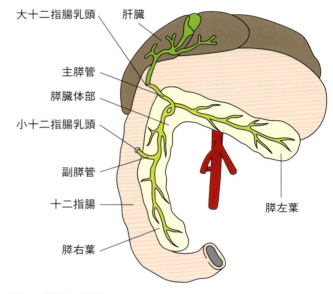

図1　膵臓の配置

 膵臓の配置

膵臓は、胃から十二指腸の背尾側に沿って存在し、左葉、体部、右葉に分かれている。左葉は胃背側で大網の深壁内に収まっている（図1）。右葉は十二指腸の背側の十二指腸間膜内に収まっている。体部はそれをつなぐ部分であり、大網深壁と浅壁が融合し十二指腸間膜へ移行する部分に収まっている。血行については後述するが、血行という意味では体部は右葉に属するといってよい。

 膵管

膵臓組織の98%は外分泌腺であり、その小葉からの導管が集まり、左葉、右葉の中心に膵管を形成している。膵管は、主膵管、副膵管となってそれぞれ十二

Column　切除可能範囲と再生について

成書の記載は誤解を招きかねないので文献情報を解説する。導管や脈管が維持されていれば、実質の74%まで切除しても機能は維持される[4]。Veterinary Surgery: Small Animal Expert Consult, 2nd ed には、75〜90%は可能であるとしているが[5]、引用論文の読み間違いと筆者は考える。

そして犬の膵臓には多少の再生能力がある。95%切除した場合でも、残った5%の実質が50%程度再生する[6]。ただし解釈に注意が必要である。これは元のサイズの50%まで再生するという意味ではない。残った5%が50%サイズアップする、すなわち7.5%までの回復ということなので、それほど期待できるものではないといえる。またMizumotoらの論文では、切除範囲が74%未満での再生率は5.5±6.62%であり[4]、切除範囲が小さければ、ほとんど変化しないことを付け加えておく。

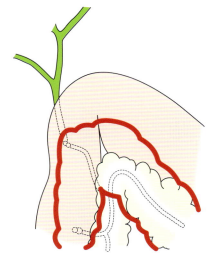

図2　総胆管と主膵管
実際には、赤線で描くように、膵臓は十二指腸の背側にあることに留意する。主膵管が膵臓を離れて管としてみえるわけではない

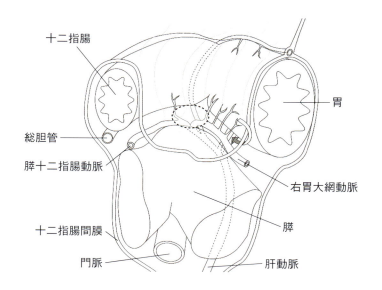

図3　膵体部断面

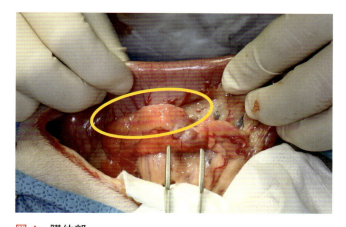

図4　膵体部
十二指腸壁に接着していて、膵管の腸壁侵入部は目視できない

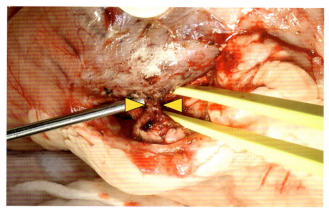

図5　副膵管
十二指腸腫瘍切除のために、膵右葉を剥離した際に露出した副膵管（▶）。筋線維に包まれた管状構造が十二指腸壁に連続している

指腸の大十二指腸乳頭、小十二指腸乳頭に開口する。総胆管と主膵管の配置について、教科書では図2のように描かれることが多いが、実際には、開口部は膵実質内に埋まっている。断面をみるとわかりやすいが、総胆管も十二指腸に侵入するときには十二指腸間膜に収まるからである（図3）。

　主膵管は、猫では幽門から3〜7cm、副膵管は主膵管開口部から8〜54mmの場所にある[7]。測定値に幅があるのは、体格差が影響していると考えられる。これら開口部は、膵臓が十二指腸に密着している領域にある（図4）。膵臓が十二指腸から遊離している部分にはないといってよい。

　密着している領域で膵臓を十二指腸から鈍性に、もしくは脈管を凝固しながら剥離していくと、十二指腸壁に連続する、わずかな筋線維をまとった管として認識できる（図5）。これは、肛門嚢切除の際に分離される肛門嚢の導管に似ている。

　犬では副膵管がメインであり、主膵管は細いことが多い。そして多型があることに留意する。教科書でよくみる膵管走行をもつ犬は46％程度であり、8％は主膵管を欠くといわれる（図6）。

　猫では主膵管がメインであり、副膵管はしばしば認められない（図7）。猫でもおそらく多型はあるが詳細な報告はない。主膵管は十二指腸壁侵入部の手前

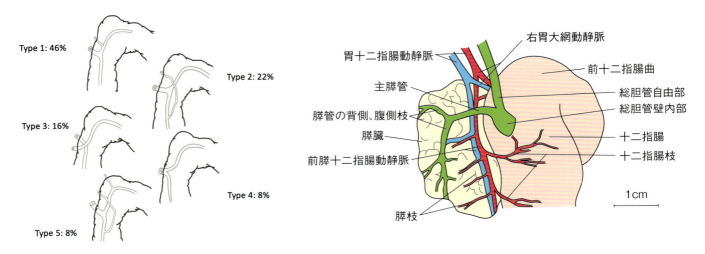

図6 犬の膵管の多型[8]

図7 猫の膵管[9]

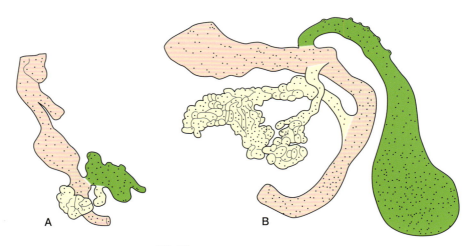

図8 膵臓の発生（ブタ）[10, 11]
A：背側膵と腹側膵　B：腸管のねじれにともなって重なっていく

で、総胆管と合流している。

　先述の図6のType3をみていただきたい。なぜ膵管がクロスするような構造が生まれるのだろうか。発生学を見直して納得した。膵臓右葉は胆管の原基とセットで成長する。いっぽう、左葉はこれとは独立して十二指腸から発生する。そして、腸管が発生の過程でねじれるとともに重なり合い、融合していくのである（図8）。この膵管のクロスはまさにその発生過程の名残である。

❸ 動静脈

　膵右葉には膵十二指腸動脈、膵左葉には脾動脈が血液を供与している。多くの教科書に載っているイラストでは、一見すると、脾動脈が膵実質内を走行しているように描かれている[12, 13]。膵体部、左葉を切除するには膵臓への動脈を遮断する必要があるかのようにみえる。

　しかし実際は異なる（図9）。膵体部にあるようにみえた大きな血管（腹腔動脈から分岐した肝動脈）も、膵臓の外側を走行している。幽門部背側尾側で肝動脈から分岐した膵十二指腸動脈が、十二指腸および膵体部（右葉）に侵入するのである。左葉には、脾動脈からの分枝が複数侵入している。

　ここで発生を思い出していただきたい。左葉は胃とともに発生し、右葉は十二指腸・胆道系とともに発生している。血管の配置は発生の過程からも容易に想像できる。そして、体部と左葉の間は発生後期に実質が融合したものであり、血管が希薄であることも納得がいく。とくに門脈をまたぐあたりで、膵臓はくびれ、

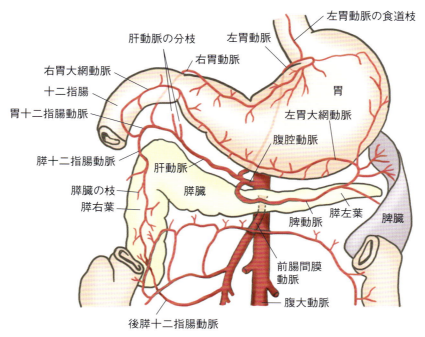

図9 膵臓の動脈図[11、12]

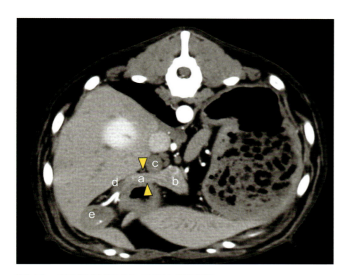

図10 CT動脈相でみる膵左葉基部
a：左葉基部　b：左葉　c：門脈　d：膵十二指腸動脈
e：十二指腸
と▽の間にくびれが確認できる

葉の辺縁のように細くなっている症例が多い（図10）。CT動脈相を読み込むと、左葉からの動脈も右葉からの動脈もこの部分で細く毛細化していることが読み取れる。この部位（すなわち門脈をまたぐ部位）が、左葉切除の切除ラインとして適当であるといえる。

生体には多型がつきものである。事実、動脈支配について、2割は前腸間膜動脈からとの報告がある[13]ので、膵臓の手術に際しては、CT動脈相における動脈分布の確認、術中の注意深い観察を怠ってはならない。

発生過程をイメージできると静脈走行も理解しやすい。静脈も左葉と体部・右葉で分けて考える。図11のように左葉は脾静脈へ、体部・右葉は胃十二指腸静脈と後膵十二指腸静脈へ注ぐ。膵十二指腸静脈は右胃静脈と合流して門脈に注ぐが、図12をみていただくとわかるように、脾静脈に比べてかなり短い。

❹ リンパ節

所属リンパ節は脾リンパ節、膵十二指腸リンパ節、肝リンパ節である（図13）。いずれのリンパ節も周囲には膵十二指腸動脈や脾静脈、門脈本幹があり、慎重な剥離が要求される。

もう1つ、膵右葉の所属リンパ節として「後膵十二指腸リンパ節」と名づけたいリンパ節を提示したい（図14）。肝リンパ節よりも尾側で空腸リンパ節よりも頭側で、十二指腸間膜内の後膵十二指腸静脈が門脈に合流した場所にある。

右結腸リンパ節も近くCT検査画像では重なってみえるが、結腸間膜ではなく、十二指腸間膜内にあるため術中は見分けることができる。これは文献的な根拠がみつけられないため、個人的意見の域を出ないが、しばしば遭遇するので気を付けていただきたい。リンパ節の解剖書では空腸リンパ節以外、記載が見当たらないため、画像検査所見としては空腸リンパ節と記載

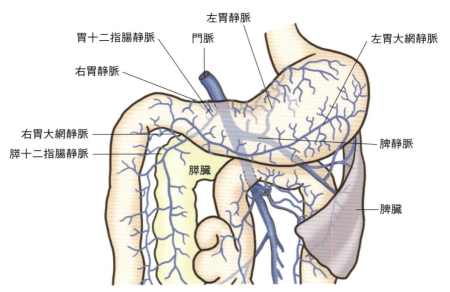

図11　術中の観察所見に基づく静脈図
門脈は本来、十二指腸間膜内にある

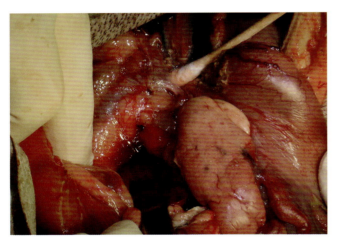

図12　胃十二指腸静脈
綿棒で指し示しているところが門脈への合流部である

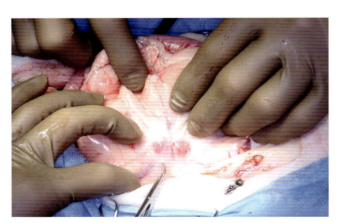

図14　後膵十二指腸リンパ節（仮称）
十二指腸間膜を牽引して、後膵十二指腸動静脈の基部にみられた腫大したリンパ節。これは成書に記載はないが、膵右葉の腫瘍では確認しておきたい

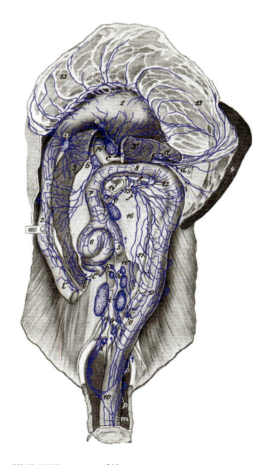

図13　膵臓周囲のリンパ節
The Lymphatic System of the Dog by Hermann Baum, Original German text translated by Monique Mayer, Page 127, Figure 26 より。この偉大なドイツ語の古典は、2022年カナダのサスカチュワン大学のMayerらにより翻訳 デジタルリマスターされ、公開されているのでぜひ参照していただきたい
https://openpress.usask.ca/k9lymphaticsystem/

されると思われるが、明らかに十二指腸寄りである。とくに右葉のインスリノーマの転移症例では、このリンパ節が腫れることがあり、術中のオリエンテーションからも空腸リンパ節とは区別したい。十二指腸を牽引して、十二指腸間膜に腫大した結節をみつける。その基部は門脈本幹であるため、細心の注意が必要なリンパ節である。

5 神経

犬や猫の膵臓の左葉や右葉前部は腹腔神経叢、後部は前腸間膜神経叢からの神経線維が侵入している[16]。膵液分泌は副交感神経刺激によってなされ、交感神経刺激により抑制される[16]。

おわりに

まとめると、膵臓は左葉、右葉、体部からなるが、外科としては、血行支配が同様である右葉と体部はまとめて考えることができ、門脈を境として左と右に分けるほうがわかりやすい。十二指腸と接している部分が体部であり、大十二指腸乳頭に開口する主膵管、小十二指腸乳頭に開口する副膵管がある（図1参照）。

左葉や、十二指腸から離れた右葉は、葉切除がもっともシンプルな術式であり、体部では慎重な核出術が好ましい。体部において拡大切除を行う場合には、場合によっては膵管の再建として膵臓十二指腸吻合が必要になるため、十分に経験を積んだ外科医が行うべきである。

参考文献

[1] Cleland NT, Morton J, Delisser PJ. Outcome after surgical management of canine insulinoma in 49 cases. Vet Comp Oncol. 2021 Sep; 19(3): 428-41.
[2] Veytsman S, Amsellem P, Husbands BD, Rendahl AK, Bergman PJ, Chanoit G, et al. Retrospective study of 20 cats surgically treated for insulinoma. Vet Surg 2023 Jan; 52(1): 42-50.
[3] Wolfe ML, Moore EV, Jeyakumar S. Perioperative outcomes in dogs and cats undergoing pancreatic surgery: 81 cases (2008-2019). J Small Anim Pract. 2022 Sep; 63(9): 692-8.
[4] Mizumoto R, Yano T, Sekoguchi T, Kawarada Y. Resectability of the pancreas without producing diabetes, with special reference to pancreatic regeneration. Int J Pancreatol. 1986 Oct; 1(3-4): 185-93.
[5] Johnston SA, Tobias KM, Veterinary Surgery: Small Animal Expert Consult, 2nd Edition, Saunders, 2018,1892.
[6] Hayakawa H, Kawarada Y, Mizumoto R, Hibasami H, Tanaka M, Nakashima K. Induction and involvement of endogenous IGF-I in pancreas regeneration after partial pancreatectomy in the dog. J Endocrinol. 1996 May; 149(2): 259-67.
[7] Nielsen SW, Bishop EJ. The duct system of the canine pancreas. Am J Vet Res. 1954 Apr; 15(55): 266-71.
[8] Nielsen SW, Bishop EJ. The duct system of the canine pancreas. Am J Vet Res. 1954 Apr; 15(55): 266-71.
[9] Crouch JE 著, 岡野真臣, 牧田登之, 見上晋一, 和栗秀一 訳, 猫の解剖学, 学窓社. 1984. 202, 図3.
[10] Patten BM. Embryology of the Pig, 3rd ed. McGraw-Hill, 1948; 185-186.
[11] 江口保暢, 家畜発生学 新版, 文永堂出版. 1985. 22.
[12] Anderson WD, Anderson BG. Atlas of Canine Anatomy,1994, Lea & Febiger, 1994, 632.
[13] Miller ME. Miller's Anatomy of the Dog, WB Saunders, 1979.
[14] van Schilfgaarde R, Gooszen HG, Overbosch EH, Terpstra JL. Arterial blood supply of the left lobe of the canine pancreas. I. Anatomic variations relevant to segmental transplantation. Surgery. 1983; 93(4): 545-8.
[15] The Lymphatic System of the Dog. https://openpress.usask.ca/k9lymphaticsystem/（最終アクセス日：2023年12月22日）
[16] ミラー, クリステンセン, エバンス 著, 和栗秀一ら訳, 犬の解剖学, 学窓社. 1970. 397.
[17] Johnston SA, Tobias KM, Veterinary Surgery: Small Animal Expert Consult, 2nd Edition, Saunders,2018,1888.

膵臓腫瘍の診断と治療

北海道大学 大学院獣医学研究院 先端獣医療学教室　金　尚昊

はじめに

犬の膵臓腫瘍において最も発生頻度が高いとされている腫瘍は、インスリノーマである。そこで本稿ではインスリノーマに加えて、膵臓外分泌腫瘍である膵腺癌を取り扱っていく。それら腫瘍ごとの挙動、画像所見、あるいはホルモン測定をどのように診断に利用するのかを記載するとともに、それらの治療方法と、情報は少ないもののその予後についても述べていく。

1 膵臓の構成細胞と膵臓腫瘍

膵臓は外分泌および内分泌の2つの機能をもつ臓器である。外分泌は膵液、つまり消化液を膵管を介して十二指腸へ分泌する。この膵液には、アミラーゼ、リパーゼ、トリプシンおよび重炭酸イオンなどが含まれる。また、内分泌機能としてはインスリンやグルカゴンなどを産生し、これらを直接血中へ分泌する。

組織学的に膵臓は小葉構造をもち、その小葉は腺房細胞で構成される腺房（外分泌機能）と、内分泌細胞で構成されるランゲルハンス島（内分泌機能）が認められる。内分泌細胞はβ、α、δ、G細胞などで構成され、これらの細胞は形態的な区別はされず、各細胞が産生するホルモンを免疫染色することにより組織学的な区別が可能となる。そのため、腫瘍化した場合には組織学的にはランゲルハンス島由来の腫瘍であることは診断可能なものの、いずれの細胞由来なのかについては免疫染色、あるいは臨床的な各種検査所見（血中のホルモン測定を含む）から明らかにする必要がある。

外分泌機能を担う細胞が腫瘍化した場合には、腺房由来の腫瘍であり、膵（外分泌）腺癌と呼称される。医学においてはより詳細に膵管細胞由来、あるいは腺房細胞由来かの区別がされるが、現状獣医臨床の現場ではこれらの詳細な区別の意義については十分にわかっていない。

いっぽう、内分泌機能をもった細胞が腫瘍化した場合にはランゲルハンス島に由来する腫瘍とされ、その起源となった細胞によってインスリノーマ、あるいはガストリノーマなどとされる。また一部の症例報告レベルではあるものの、グルカゴノーマ、ソマトスタチノーマおよび膵ポリペプチド産生膵島細胞癌の発生も知られている。

2 膵腺癌

膵腺癌は獣医学領域において稀な腫瘍とされており、犬猫の腫瘍のうち<0.5％の発生頻度とされている。高齢犬やエアデール・テリアに好発するとの報告もある[1]。予後についても報告数が少ないため明確になっていないものの、現状得られているデータからはその生存期間は1〜97日とされている。しかし、多くの報告で診断時や手術時に安楽死されている症例も多く、治療後の予後に関する情報は不足している。

■ 膵腺癌の診断

膵腺癌の臨床徴候は消化器に関連する非特異的なものが多く、体重減少、食欲不振、嘔吐、腹囲膨満および黄疸といったものが認められる。過去の報告においても犬では元気消失（61％）、食欲不振（31〜35％）、嘔吐（35〜54％）、下痢（22％）、黄疸（13％）、腹部痛（4〜18％）、あるいは体重減少（9％）が認められ、猫においても体重減少（68％）、食欲不振（53％）、嘔吐（41％）、下痢（15％）、あるいは黄疸（<6％）といったものが認められている[2〜4]。膵臓に腫瘤を形成した場合、大十二指腸乳頭が腫瘍に巻き込まれることにより閉塞性黄疸を呈する場合もあるが、これらの結果からはそのような症例は決して多くなく、膵炎

と類似するような非特異的な臨床徴候が主に認められる。また、同様に血液検査所見においても軽度の貧血、高血糖、好中球増多、あるいはリパーゼの上昇といった非特異的な所見が多く認められることから、これらの所見をもとに膵腺癌を強く疑うことは一般的に困難であると考えられる。

　膵腺癌症例において診断上重要となるのが、画像所見であると考えられる。単純X線検査において確認できる所見としては、原発巣に関するものと比較すると、転移巣に関連する異常を検出する機会が多い。肺の結節性病変（犬：17％、猫：13％）、胸骨リンパ節の腫大（猫：9％）、胸水（猫：9％）、腹部ディテールの低下（猫：38％）、あるいは上腹部の腫瘤状陰影の検出（猫：38％）などが報告されている[2, 4]。いっぽうで、腹部超音波検査においてはより特異的な所見が得られることが多い。原発巣である膵臓の腫瘤状病変について犬猫いずれの場合であっても、腹部超音波検査において検出されることが多い。また、転移率の高い腫瘍であると考えられており、犬では診断時の転移率が78％との報告もある[4]。そのため、腹部超音波検査においては原発巣の検出の他に、腹腔内リンパ節の腫大、あるいは肝臓の孤立性または多発性結節病変のような転移巣もしばしば認められ、正確なステージングを行ううえでも、本検査は重要な意味をもつものと考えられる。

■ 膵腺癌の治療

　一般的に転移の認められていない膵腺癌については、犬猫いずれの場合においても外科的摘出が推奨される。しかし、前述したように診断時に高率に転移を認める腫瘍である点からも、原発巣摘出の可否にかかわらず多くの症例で化学療法が推奨される腫瘍と考えられる。これまでの限られた報告からは、犬ではカルボプラチン、あるいはドキソルビシンが用いられており、猫ではゲムシタビン、あるいはゲムシタビンとカルボプラチンの併用療法が報告されている。ゲムシタビンについては、人の膵腺癌において第一選択薬とされていることから、獣医療においても用いられているものと考えられる。猫の膵腺癌症例において、化学療法実施による生存期間の延長効果を示唆する報告[2]もあるが、研究に組み入れられた症例の詳細からは明確に化学療法が予後の改善に寄与したとは考えにくく、現時点では化学療法の有効性については不明である。

　医学では膵腺癌に対して、分子標的薬であるスニ

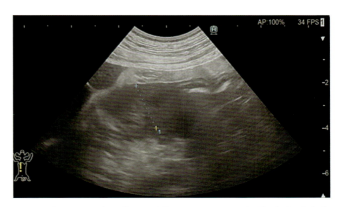

図1　症例1の十二指腸に接して認められた腹腔内腫瘤病変の超音波画像

チニブが有効であるとされており、獣医療においてもトセラニブの有効性が期待されている。実際に膵腺癌の犬8例にトセラニブを用いた報告においては、6例が肉眼病変のある段階で薬剤の投与が行われPR1例、SD3例およびPD2例という結果が報告されている[5]。他の化学療法剤と同様に、この結果のみではトセラニブの有効性について断定をすることは困難ではあるものの、現状では治療選択肢として検討する価値はあると考えられる。

■ 症例1
ブルドッグ、7歳、避妊雌
主訴：5日前から頻回の嘔吐および食欲廃絶を認め、近医を受診。

◆ 診断および治療方針の決定

　かかりつけの動物病院にて十二指腸腫瘤とその裂開が疑われ、受診翌日に試験開腹手術が実施された。十二指腸部に腫瘤を認めるも、摘出困難と判断され、その2日後に本院を紹介来院した（第1病日）。

　本院来院時には活動性はあるものの、食欲の改善はなく、嘔吐も持続して認められた。本院で実施した画像検査では、腹部超音波検査において近位下行十二指腸に最大径24mmの腫瘤が認められた（図1）。また、CT検査においても同部位に腫瘤は確認され、さらに腫瘤が膵右葉および総胆管を巻き込んで存在していることが確認された（図2）。腫瘤の細胞診検査では上皮系細胞集塊が採取され、核の大小不同も認められた（図3）。

　以上の検査から、十二指腸あるいは膵臓原発の癌腫が疑われた。画像検査において明確な転移巣は認められないことから、治療としては腫瘤の外科的切除を

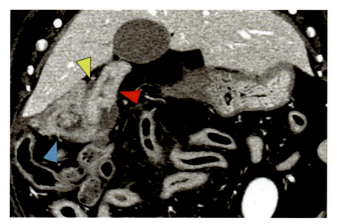

図2 症例1の腹部CT（コロナル）画像
膵臓と十二指腸（▶）に接する腫瘤状病変（▶）に総胆管（▶）が巻き込まれている

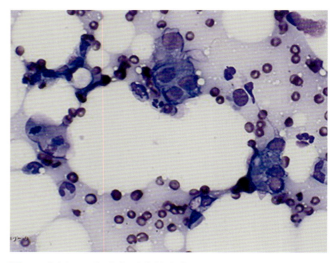

図3 症例1の腹腔内腫瘤状病変の細胞診像

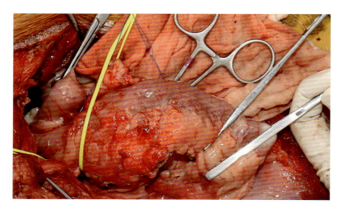

図4 症例1の術中肉眼所見

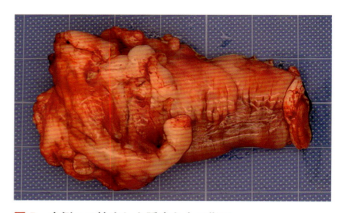

図5 症例1の摘出した腫瘍と十二指腸

提案した。消化器徴候は持続しているものの、本症例の状態は比較的安定していたため、待機手術として第5病日に腫瘍の外科的切除を実施した。

◆ 治療および経過

第5病日（外科手術）：腹部正中切開によりアプローチを行った。腫瘍は膵右葉を中心に発生しており、十二指腸部との肉眼的な境界は不明瞭であった。腫瘍（膵臓）を十二指腸とともに腸間膜から切離、離断した（図4）。膵臓は膵体部で切断した。総胆管および膵管にカテーテルを挿入し、断端部を確保したのち、それぞれを十二指腸と端側吻合した。十二指腸の断端同士を端々吻合し、手術を終了した。摘出した検体の組織診断は膵臓外分泌腺癌であり、マージンはクリアと評価された（図5）。

第30病日（再診）：術後経過は良好であり、重篤な合併症は認められなかった。食欲の改善は認められていたが、下痢～軽度の軟便が持続したため、膵外分泌不全と判断し、膵消化酵素補充剤の投与を開始した。また、術後の補助療法としてカルボプラチンによる化学療法を提案し、紹介医にて実施することとなった。

第178病日：カルボプラチンによる治療を6回で終了し、定期検診のみを実施することとなった。

❸ インスリノーマ

インスリノーマは犬の膵臓腫瘍において最も発生頻度が高いとされているが、いっぽうで猫ではその発生は稀とされている。猫のインスリノーマに関する報告数は2020年までに8例のみであったが、2023年に20例のまとまった報告がされている[6]。犬においては9歳以上の中年齢以上で発生が多いとされ、好発犬種はジャーマン・シェパード・ドッグ、アイリッシュ・セター、ボクサー、あるいはゴールデン・レトリーバー

表1 犬のインスリノーマのステージ分類

原発巣	T0	原発巣が認められない
	T1	膵臓に原発巣を認める
腹腔内リンパ節	N0	リンパ節転移なし
	N1	リンパ節転移あり
遠隔転移	M0	転移なし
	M1	転移あり

ステージ1	T1 N0 M0
ステージ2	T1 N1 M0
ステージ3	$T_{any} N_{any} M1$

表2 低血糖を引き起こす可能性のある犬の腫瘍

肝臓腫瘍（肝細胞癌・腺腫）
平滑筋腫・肉腫
血管肉腫
リンパ腫
リンパ球性白血病
乳腺癌
形質細胞腫
腎腺癌
唾液腺癌

とされているが、これらについては報告によって様々である。また、診断時の転移率の高さがよく知られており、報告によっては診断時の転移率が95％＜としている報告もある。インスリノーマのステージングは表1のように区分されている。

■ インスリノーマの診断

インスリノーマの診断で最も重要となるのは低血糖の検出であり、それによる間欠的な臨床徴候が認められ、その徴候が糖を付加することで改善することは重要な所見である。低血糖による臨床徴候としては発作（52％）、虚弱・衰弱（42％）、あるいは後肢麻痺（33％）などの神経症状が主であり、その他にも虚脱、筋線維束性攣縮、運動失調、多食、あるいは多飲多尿などの様々な臨床徴候が認められる[7～9]。しかし、低血糖は表2に示すような腫瘍性疾患においても認められることがあり、低血糖を示す腫瘍＝インスリノーマとはならないことには注意が必要である。

そのため、低血糖を示す症例においてインスリノーマを疑う場合には、インスリン値の測定が重要である。とくに血糖値とインスリン値は必ず同じサンプルを用いて評価すべきである。インスリノーマの診断を目的にインスリン値の測定を行う場合には、血糖値が50～60mg/dLを下回っているタイミングで行うことが理想とされ、必要であれば数時間絶食を行い、再度サンプルを採取する場合もある。しかし、その場合は症例のモニタリングを注意深く行わなければならない。インスリン値は多くの文献で「$\mu U/mL$」という単位で表記され、低血糖の際のインスリン値が$20\mu U/mL$を超えている場合には、インスリノーマが確定的と考えられる。いっぽうで$10\mu U/mL$を下回る場合には、インスリノーマ以外の疾患も鑑別から外すことはできない。

インスリノーマの画像診断は、前述したように多くの症例で診断時に転移を生じていることが多いため、膵臓の原発巣の描出はもちろん、腹腔内リンパ節や肝臓、あるいはその他の腹腔臓器や肺への転移の有無についても詳細に確認する必要がある。Robbenらは、各種検査手技におけるインスリノーマ病変の検出感度について報告している[10]。この報告では、14ヵ所の原発巣のうち、超音波検査で検出可能であった病変は5ヵ所、CT検査で検出可能であった病変は10ヵ所としている。この結果からCT検査がより検出感度の高い検査であると考えられるが、その感度自体も十分とはいえないこともわかる。また、Maiらは、造影CT検査においてインスリノーマの病変がどのように描出されるかを報告している[11]。この報告では、原発巣ならびに転移を生じたリンパ節が、動脈相において強く造影増強される傾向を示すとしている。この報告からも神経内分泌腫瘍において観察される動脈相での強い造影増強は、インスリノーマにおいても同様に認められると考えられる。

■ インスリノーマの治療
◆ 外科手術

インスリノーマは転移率の高い腫瘍であり、診断時に進行ステージである症例も少なくない。しかし、インスリノーマ罹患症例において、しばしば外科的切除が治療の第一選択となる。インスリノーマの症例における外科手術の目的は、①腫瘍の切除、②血糖値のコントロールである。とくに②については、診断時に転移が認められている症例においても体内の腫瘍量を

減じることで、分泌されるインスリンの量を減らし、持続する低血糖を改善させる可能性がある。過去の報告においては、同様のステージ分布の症例群において、外科治療をされた症例群が内科療法単独で治療された症例群と比較して、長期生存するという結果も示されており[12]、この報告からもインスリノーマにおいては積極的な外科治療が予後を改善させる可能性があると考えられる。しかし、別の報告では手術を行った場合においても診断時のステージによって生存期間が短縮することが示されており、さらにはステージ2以下の症例においては高い確率で術後に低血糖の改善が得られるものの、ステージ3の症例においては半数の症例で術後も低血糖が持続したことが報告されている[7]。これらの結果から、すべての症例で外科治療により予後の改善が見込めるとはいえず、とくにステージ3の症例においては遠隔転移がどの程度のレベルまで進行しているのかを見極めたうえで、初期治療としての外科介入を検討すべきであると考えられる。

◆ 外科手術の合併症

インスリノーマ症例における外科手術の合併症としては、膵炎および術後高血糖（糖尿病）がある。術後高血糖に関しては、腫瘍から分泌されるインスリンにより正常なβ細胞の機能低下が生じており、術後に腫瘍からのインスリン分泌が消失、または低下した際に残存する膵臓組織からの正常なインスリン分泌が得られず生じるものと考えられる。医学においてもその発生は知られており、発生率が36％との報告もある[13]。また、多くの場合に一過性であり、術後3〜9日で改善するとされている。犬においては発生率が12〜33％とされており、術後1〜2日間持続する場合にはインスリン投与を検討すべきとされている。さらに一部では、長期的なインスリン投与が必要となった症例も複数例報告されており、術前のインフォームにおいても本合併症は重要な項目と考えられる。また、猫における報告もあり、90％の症例が術後に生じたとされている（1例以外は自然に改善した）[6]。術後高血糖については、一部では正の予後因子とされる場合もある。これは、術後に低血糖が持続する場合には相当量の腫瘍の残存が示唆され、いっぽうで高血糖が認められた場合には腫瘍の切除が十分行われたことを示唆している可能性があることから、術後の合併症として高血糖が認められた場合に予後がより改善されるのではないかとされている。この点については十分な議論や研究はされておらず、今後の検討課題と考えられる。

◆ 化学療法

現在、インスリノーマに対する化学療法としてはトセラニブが主体となっている。これまでの報告においても、肉眼病変により治療評価が可能であった15例の犬に関して、CR6例（40％）、PR1例、SD3例およびPD5例との結果が得られている[14]。また、これらの症例のうち、SD以上の治療反応が認められた症例においては、血糖値の正常化も同時に達成されており、進行例や手術困難な症例においてトセラニブは有効な治療選択肢のひとつになると考えられる。

■ 症例2

ジャック・ラッセル・テリア、16歳、去勢雄
主訴：脱力、けいれんおよび震えを主訴に紹介医を受診。

◆ 診断および治療方針の決定

上述の臨床徴候は食後に改善するとの稟告があり、さらに血液検査にて血糖値21mg/dLかつインスリン値73.4μU/mLという結果から、インスリノーマが疑われ本院を紹介来院した（第1病日）。

本院来院時には一般状態は安定しているものの、低血糖の持続が確認された（29mg/dL）。本院で実施した画像検査では、腹部超音波検査において膵右葉領域に9.7mmの混合エコー源性腫瘤を認め（図6）、CT検査においても同部位に腫瘤を認めた。また、後膵十二指腸静脈に隣接する位置に腫大したリンパ節を認め、本病変は動脈相にて濃染することが確認された（図7）。以上の検査所見から、インスリノーマのステージ2と診断し、腫瘍およびリンパ節摘出を計画した。

◆ 治療および経過

第5病日（外科手術）：腹部正中切開によりアプローチを行った。リンパ節摘出後（図8-1）、膵右葉に認められた孤立性腫瘤を摘出した（図8-2）。摘出した検体の組織診断は膵島内分泌腫瘍であり、マージンはクリアと評価された。リンパ節については摘出した2つのリンパ節にはいずれも転移巣の形成が認められた。

本症例では術直後より高血糖が認められた。第6病日時点で高血糖が持続したため、インスリンの投与を行った。第7病日以降、血糖値は正常範囲内を推移したため、インスリンの投与は第6病日の一度のみであった（図9）。

膵臓腫瘍の診断と治療

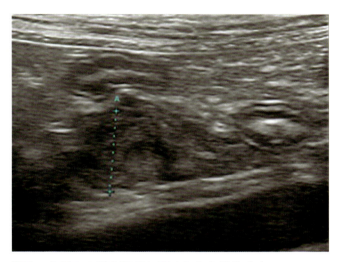

図6　症例2の膵右葉部に認められた結節病変

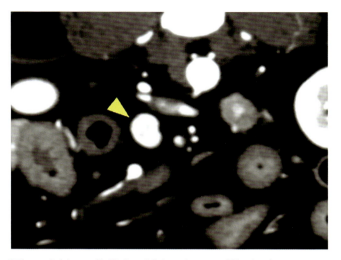

図7　症例2の腹腔内の腫大したリンパ節（▷）
動脈相にて強い造影増強を示した

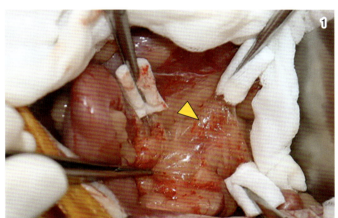

図8　症例2術中肉眼所見
1：腫大したリンパ節（▷）を示している
2：膵右葉に認められた病変（▷）を示している

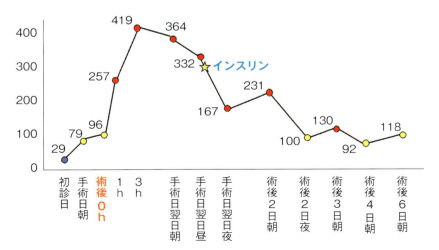

図9　症例2の術前から術後の血糖値の推移
縦軸は血中グルコース値（mg/dL）を示している

69

■ おわりに

　膵外分泌および内分泌腫瘍はいずれも、転移率が高い腫瘍であり、診断時の正確なステージングが治療方針や予後の見極めに重要であると考えられる。そのため、膵臓腫瘍を疑う場合には単純X線や超音波検査のみではなく、CT検査を含めたより詳細な評価を検討すべきである。また、内分泌腫瘍においては従来の外科治療のもつ腫瘍の切除という目的だけではなく、ホルモン量のコントロールという意義も持ち併せていることを理解する必要がある。

参考文献

[1] Priester WA. Data from eleven United States and Canadian colleges of veterinary medicine on pancreatic carcinoma in domestic animals. Cancer Res. 1974; 34(6): 1372-1375.

[2] Linderman MJ, et al. Feline exocrine pancreatic carcinoma: a retrospective study of 34 cases. Vet Comp Oncol. 2013; 11(3): 208-218.

[3] Aupperle-Lellbach H, et al. Characterization of 22 Canine Pancreatic Carcinomas and Review of Literature. J Comp Pathol. 2019 Nov; 173: 71-82.

[4] Pinard CJ, et al. Clinical outcome in 23 dogs with exocrine pancreatic carcinoma. Vet Comp Oncol. 2021; 19(1): 109-114.

[5] Musser ML, Chad MJ. Toceranib phosphate (Palladia) for the treatment of canine exocrine pancreatic adenocarcinoma. BMC Vet Res. 2021 Aug 11; 17(1): 269.

[6] Veytsman S, et al. Retrospective study of 20 cats surgically treated for insulinoma. Vet Surg. 2023; 52(1): 42-50.

[7] Cleland NT, et al. Outcome after surgical management of canine insulinoma in 49 cases. Vet Comp Oncol. 2021; 19(3): 428-441.

[8] Del BI, et al. Incidence of postoperative complications and outcome of 48 dogs undergoing surgical management of insulinoma. J Vet Intern Med. 2020; 34(3): 1135-1143.

[9] Buishand FO. Current Trends in Diagnosis, Treatment and Prognosis of Canine Insulinoma. Vet Sci. 2022; 9(10): 540.

[10] Robben JH, et al. Comparison of ultrasonography, computed tomography, and single-photon emission computed tomography for the detection and localization of canine insulinoma. J Vet Intern Med. 2005; 19(1): 15-22.

[11] Mai W, Ana VC. Dual-phase computed tomographic angiography in three dogs with pancreatic insulinoma. Vet Radiol Ultrasound. 2008; 49(2): 141-148.

[12] Ryan D, et al. Clinical findings, neurological manifestations and survival of dogs with insulinoma: 116 cases (2009-2020). J Small Anim Pract. 2021 Jul; 62(7): 531-539.

[13] Nockel P, et al. Incidence and management of postoperative hyperglycemia inpatients undergoing insulinoma resection. Endocrine. 2018; 61: 422-427.

[14] Sheppard-Olivares S, et al. Toceranib phosphate in the management of canine insulinoma: A retrospective multicentre study of 30 cases (2009–2019). Vet Rec Open. 2022; 9: e27.

胆嚢切除術を考察する
最短ルート選択で合併症を防ぐ

麻布大学 獣医学部 小動物外科学研究室　高木　哲

■ はじめに

　胆嚢摘出手術の代表的な適応疾患である胆嚢粘液嚢腫は2000年ころより報告が増加しており、ここ数年は全国の様々な施設で本疾患の治療のための手術が実施されるようになってきたと感じている。しかし、本手術は一般的な手法で簡単にできるものから非常に難易度が高いものまで様々であり、手術法も非常にバリエーションに富んでいる。また、胆嚢摘出についてはその適否についてもよく議論されるが残念ながらおそらく正解はない。本稿ではできるだけ過去の文献を引用しつつその手技や手術の考え方についての議論を述べる。ただし、不明な部分が非常に多いという背景から本手術あるいは胆嚢疾患に対する筆者の個人的見解が多分に含まれていることをあらかじめご容赦願いたい。

　本稿では以下の胆嚢摘出術に関する疑問について検証する。

❶そもそもこの手術の目的とは何か？
❷胆嚢破裂の臨床的意義とは何か？
❸胆嚢摘出が適当でない場合はあるか？
❹どのような症例に対してどの手術法が最適か？

1　胆嚢切除術の目的について

　どの手術でも共通していえることではあるが、とくに胆嚢粘液嚢腫については無徴候で経過する症例も多く見受けられ、手術適応の判断が難しい場面もあることから、手術そのものの目的が何であるかを明確にし、手術の必要性を明確化するべきであると考える。

　本手術の究極的な目的としては以下の通りである。

● 胆嚢炎の予防（感染巣の除去）
● 閉塞した総胆管を開通させる

　胆嚢粘液嚢腫や細菌性胆嚢炎あるいは胆石症において胆嚢摘出が考慮されると思われるが、いずれも胆嚢炎を予防することが主たる目的であり、あくまで局所が制御されて病態の再発がコントロールされるにすぎない。したがって全身的に影響が及んでいる場合には胆嚢を摘出すること自体は病態を改善することはあれども、必ずしも命がけでとにかく胆嚢さえ切除すればすべてが解決するというものではないことを理解しておく必要がある。とくに敗血症や低血圧、循環不全（胆嚢粘液嚢腫は低循環の指標である血中乳酸濃度が高いと死亡率が高いことがわかっている）[1]。疼痛や炎症についてまったくコントロールせずにいきなり手術にチャレンジされている症例は術後腎不全や重度膵炎などきわめて管理が難しい病態に移行することがある。

　状況によっては胆嚢を摘出する前に十分な輸血や輸液による循環動態の改善や抗菌薬（通常は耐性菌であることは考えにくいが細菌性胆嚢炎で、かつ胆石症が原因で複数回治療介入している場合は感受性抗菌薬を予想して使用する）、フェンタニルやNSAIDsなどの鎮痛剤などを用いて事前にコントロールする。ショック状態にある動物においては導尿によって尿産生が認められるかを確認するなど、術前からの集中的な管理が重要である。

　また、本稿の後半でも取り上げるが、総胆管閉塞を解除するためのルートとして胆嚢を切除する場合があり得る。多くの場合は粘液物質や胆石によるものと類推されるが、胆石による総胆管の壊死が認められた場合（図1）には、胆嚢を切除せずむしろ胆嚢十二指腸吻合を考慮しなければならない。さらに胆石は管腔外から用手で押すだけで十二指腸内に移動させることが比較的簡単に実施できる場合もあるので、総胆管閉塞の場合にはどれが最良の選択肢となるかについては十分な検証が必要である。

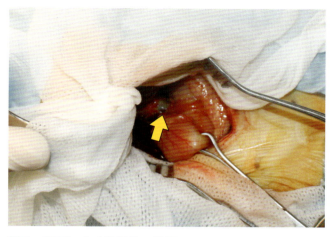

図1　胆石による総胆管の壊死
➡の位置で胆石が閉塞しており、総胆管の壊死が認められた。鉗子で牽引しているのは十二指腸。図の左側が頭側

なお、胆囊摘出あるいは胆道系の手術のために開腹した場合には（腹腔鏡下かもしれないが）、今後の治療を組み立てるための参考情報としても、可能であれば複数の肝葉の生検を行っておくことを忘れないようにする。

❷ 胆囊破裂の臨床的な意義

■ 胆囊破裂の手術予後への影響

腹部臓器の出血や捻転とは異なり、胆囊疾患では細菌性胆汁炎などの問題がなければあくまで内科的な安定化を優先し、状態が安定してから実施すべきと考える。ただし、胆囊破裂が示唆される場合には当然なるべく手術を早めに実施したいと考えるところである。

しかし実際のところ胆囊破裂と予後の関係についてはあまりよくわかっていない。かつては胆囊破裂は術後成績の負の予後因子ではないと考えられていたが[2]、経験的には当然ながら術前の状態が悪い症例、すなわち胆囊破裂がある症例の死亡率が圧倒的に高いのはいうまでもない。そこで近年の516例の犬の胆囊粘液囊腫の周術期死亡率のデータを調べてみると胆囊破裂、胆道培養陽性が存在すると死亡する確率がそれぞれ2.74倍と3.10倍となっていた[3]。また、219例の犬の胆囊粘液囊腫の研究では術後の生存例161例のうち胆汁性腹膜炎が認められたのは、26例（16.1％）であったのに対し、死亡例36例のうち15例（41.7％）に胆汁性腹膜炎があったとされている[4]。すなわち胆囊破裂に伴って胆汁性腹膜炎がある犬は、胆囊破裂がない犬より2.7倍死亡しやすいという結果である。

このような事実から考えるとやはり胆囊破裂は術後の死亡に関連するような循環障害やSIRS（全身性炎症反応症候群）のような重症疾患を引き起こしやすいのではないかと想像される。しかし、このことは胆囊破裂が生じていたら緊急手術をするという理由づけとはならない。もちろん速やかに手術はすべきであるが、胆囊破裂が生じる前に手術を決断することが必要である。

胆囊の破裂は多くの場合、物理的外傷や炎症によって生じるわけではない。胆囊粘液囊腫では胆囊内へのムチン質を含む粘液物質の大量の貯留の結果、顕著な胆囊拡張が生じる（図2-1、2-2）。この際、胆囊内腔からの持続的な圧迫によってもともと細い胆囊動脈が圧迫されて血行障害が生じた結果、胆囊全体あるいは部分的な壊死がおこり、破裂する（図3-1、3-2）。ここに至るまでに粘液物質による胆汁の通過障害や胆囊炎や膵炎、十二指腸炎が生じることに伴って様々な臨床徴候が認められる。胆囊摘出前には膵臓を観察するとうっ血していることが多い。しかし、胆囊摘出後は通常の色調に回復しているので、このことによって十二指腸周囲の静脈の循環にも影響が及んでいる可能性が示唆される。

前述の通り、胆囊破裂がそれなりに周術期予後のリスク要因となることが推察される。胆囊が破裂しているか否かは究極的には手術中の所見に依存している。胆囊破裂の術中診断率は報告によって様々であるが、514例中105例（20.4％）、117例中32例（27.3％）、198例中42例（21.2％）そして108例中21例（19.4％）が近年の二次病院のデータである。すなわち、各動物病院が比較的積極的に手術介入をしており、重症例も多い母集団と思われる。これを全体で平均すると937例中200例ですなわち21.3％の症例に胆囊破裂が存在することが示唆される。前述した通り、できれば破裂をする前の段階で手術ができればこれに越したことはないが、せめて手術する前に胆囊破裂があるか否かを判断したいところである。

■ 胆管破裂の術前検査

そこで、超音波検査を実施した胆囊粘液囊腫の症例を評価した結果、胆囊破裂と判断した23例中11例は術中に胆囊壁に異常は認められず、破裂がないと判断した140例中18例では胆囊壁の破裂が認められた[4]。このことから術前に超音波検査により胆囊破裂の検出を試みた場合、感度が56.1％、特異度は91.7％ということになり、胆囊破裂を否定するという目的ではある

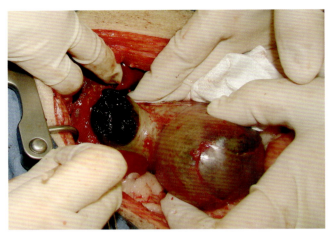

図2-1 胆嚢粘液嚢腫により拡張した胆嚢を摘出しているところ
胆嚢管で切断したところ充満した粘液物質が断端より突出している。図の左上が頭側

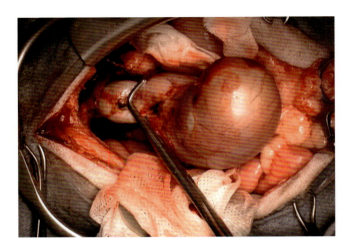

図2-2 胆嚢粘液嚢腫により重度に拡張した胆嚢と胆嚢管
拡張した胆嚢管をミクスター鉗子で把持しているところ。図の左側が頭側

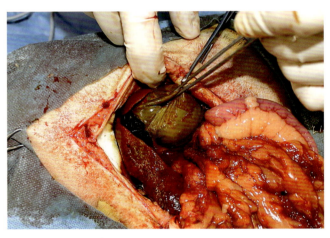

図3-1 胆嚢破裂の症例
胆嚢壁が壊死して破裂した胆嚢粘液嚢腫の症例。図の左側が頭側

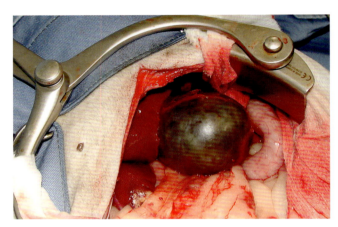

図3-2 胆嚢壁の壊死が認められた症例
胆嚢の血色が悪く、表面がまだらになっている。本症例は術後の病理組織学的検査で胆嚢壁の壊死が認められた。図の左上が頭側

程度有効な検査と思われるが、術前に胆嚢破裂を診断するには不十分であるといわざるを得ない。ほぼX線透過性に変化がないこととは対照的に、胆嚢内で圧縮されて硬くなったムチン性物質が形成するキウイフルーツ様の画像所見は本疾患に特異的な超音波所見であることはよく知られている（図4）。このように胆嚢内容はX線透過性であることからCT検査もあまり役に立たないと思われていたが、最近の報告では多列CTを用いて複数の造影タイミングを撮影し、胆嚢壁の欠損、隣接臓器との癒着、胆嚢壁の不均一な増強、胆嚢周囲液貯留、胆嚢周囲の炎症、腹膜炎などの所見のうち3つ以上が認められると胆嚢破裂の可能性が高いという結果が得られている[5]。しかし全身麻酔を実施して術直前に麻酔時間を延長してわざわざCTを撮影するほどの意義があるかといわれると無麻酔で実施できる超音波検査でみるほうが現実的であろう。冒頭に述べた通り、胆嚢破裂を検出するよりも胆嚢破裂が生じる前に手術を実施することのほうが重要性が高いため、現時点ではこの検査の感受性が向上することがそこまで求められていないことも事実である。

❸ 胆嚢摘出が適切でない場合

胆嚢摘出手術の是非を問う前に2000年代に20％近くあった周術期死亡率[2]が10年ほど経過してどの程度の数字になっているのかを確認してみたい。表1は2010年以降の論文の胆嚢摘出手術の周術期死亡率を取りまとめたものである[1, 3, 4, 6, 8～11]。すべての症

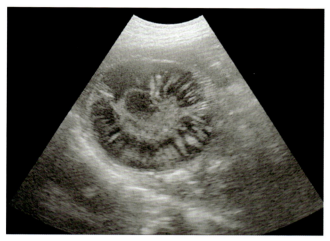

図4 胆嚢粘液嚢腫の超音波検査短軸断像
いわゆるキウイフルーツ様所見が認められる、典型的な所見である

表1 胆嚢摘出手術の周術期死亡率

筆頭著者	発表年	データ取得年代	死亡例数	症例数	死亡率(%)	待機手術死亡率(%)	非待機手術死亡率(%)	観察期間	参考文献
Malek	2013	2004年～2008年	3	43	7.0			14日	[1]
Youn	2018	2004年～2018年	6	70	8.6	2.2	20.0	入院中	[6]
Jaffey	2018	2007年～2016年	38	219	17.4			入院中	[4]
Friesen	2021	2004年～2018年	23	121	19.0	6.5	23.3	入院中	[9]
Putterman	2021	2008年～2018年	17	117	14.5			入院中	[11]
Jaffey	2022	2014年～2019年	9	85	10.6			入院中	[10]
Piegols	2021	2008年～2018年	17	252	6.7			入院中	[8]
Galley	2022	2009年～2018年	86	516	16.7			14日	[3]

例を取りまとめるとその死亡率は14.0％（1,423例中199例）であった。待機手術では死亡率は2.2～6.5％とする報告もあるが、そうだったとしても決して低い死亡率ではない。このことからいえることは残念ながら診断、麻酔や集中治療管理の技術が著しく向上した現在であっても胆嚢に関する病態については非常に課題が多いことがいえる。なお、ここでの非待機手術には緊急手術だけではなく、低アルブミンや糖尿病など他の併発疾患があったり、臨床徴候があるものも含んでいる。ただし、やはり前述の胆嚢破裂の議論でもあった通り、軽症のうちに手術をすることが推奨されることは間違いなさそうである。死因については安楽死や心停止、吸引性肺炎、腎不全、呼吸障害、播種性血管内凝固（DIC）以外には不明とするものも多く、発症予防ができそうな情報には乏しい。

このように胆嚢摘出については死因がはっきりしないため病態によっては摘出自体が最適解でない場合があるかもしれない。そこで胆嚢切除のデメリットについて確認しておきたい。当然将来的に胆嚢を利用する手術（胆嚢十二指腸吻合、図5）を行う可能性が考慮される場合には胆嚢は温存すべきである。この手術は総胆管閉塞を生じ、かつ切除が困難な腫瘍、総胆管の壊死を伴う総胆管閉塞などの場合に適応となる。自験例では胆石症により胆嚢切除した症例において総胆管壊死と閉塞を生じた症例に遭遇し、非常に稀なケースだとは思うが状況によっては胆嚢を温存したほうが好ましい場合もあることを痛感している。ただし、胆嚢十二指腸吻合自体は胆嚢に問題があれば実施でき

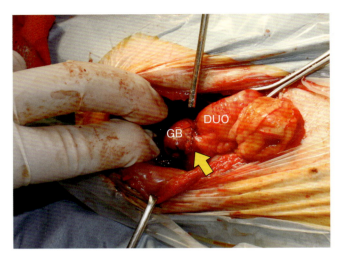

図5　胆嚢十二指腸吻合の術中所見
図1の総胆管壊死の症例。胆嚢を胆嚢窩より剥離・反転して十二指腸に吻合して胆汁排泄路を確保する。図の左側が頭側。
GB：胆嚢　DUO：十二指腸　：吻合部

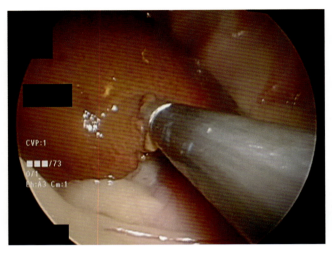

図6　腹腔鏡下肝生検の所見
生検鉗子を用いて外側左葉から肝生検を行っているところ。肝臓の下は胃である。筆者の場合、鉗子を左右に回転させながら最終的に実質を捻転分離して生検を行っている

ず、内科的制御が困難な胆嚢炎・胆嚢壊死・感染性病変は適応外となるため、ほとんどの場合は結局は切除が適応となるものと考える。また、膀胱が尿の貯留槽としての役割を果たしているのと同じような原理であるが、胆嚢は胆汁の貯留槽であり、生理的な流れや腸管内容の逆流の問題を考えると胆嚢が果たす役割は大きい。当然ながら胆嚢を摘出すると持続的に胆汁が流れていくが、尿とちがって腸管に流れていくだけなのでこのこと自体は大きな影響はなさそうである。いっぽう、肝外胆管閉塞を解除して胆嚢を切除しなかった症例と比較すると胆嚢を切除した症例では総胆管の拡張が持続しており改善することはない。さらに、一部の症例では胆嚢切除後に肝酵素値（ALT、AST）やビリルビンの持続的な上昇を認めることがある。これにはそもそもの肝臓実質性の疾患の存在や慢性的な上行性感染による影響なども考慮されるが、慢性的な胆汁うっ滞が一因である可能性も考えられる。この問題について筆者は肝臓機能に問題がない、すなわち尿素窒素やアルブミン、血糖値の低値などが認められないと判断するかぎりはそれ以上の原因追及は積極的に行っていない。ただし術後半年以上経過しても各種検査値に測定限界を上回るような明確な異常が認められる場合には肝炎や肝硬変などの存在を確認するため腹腔鏡下肝生検（図6）など侵襲の少ない方法で病理組織学的検査や細菌培養検査などの精査を実施したほうがよいと考えている。

❹ どのような症例に対してどの手術法が最適か？

　胆嚢の手術を実施するにあたってどの方法が最適となるかは術者や施設側の要因と症例側の条件によって異なるのでここで結論づけることはもちろんできないが、ここでは考えられる手技とその利点と欠点について述べる。

■ 胆嚢とその周辺の解剖

　それぞれの手技の解説に先立ち、胆嚢の切除や剥離に際して必要な解剖についてまとめる。胆嚢は方形葉と内側右葉の間に位置しており（図7）、肝臓と接触している。胆嚢は胆嚢底部、体部、頸部から胆嚢管に移行し、各肝葉からの肝管が合流して総胆管となり、十二指腸に開口する[12]。肝実質において肝門部付近では門脈と肝動脈が走行している。これら肝臓への流入血管については胆嚢の手術で操作することはほぼないと思われるが、肝実質内には十二指腸側に近づくにつれて胆嚢のすぐ近傍までそれぞれの葉の肝静脈が走行しているので（図8）、不用意に肝葉を損傷させることがないように注意する。誤ってこの血管を損傷した場合には、即座に止血することは困難なのでしばらくガーゼをあてがっておく。人では各肝葉の肝管が一本の総肝管にまとまっており、そこに胆嚢管が合流して総胆管となるが、犬猫では胆嚢管は胆嚢頸部からいくつかの部位で肝管と合流しながら総胆管となっていく。猫の胆管は生理的に犬と比較して長く、蛇行して

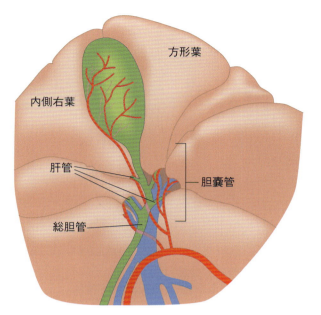

図7 胆嚢と血管の解剖
胆嚢は方形葉と内側右葉の間に位置している。肝管や胆嚢動脈の走行などには種々のバリエーションがある

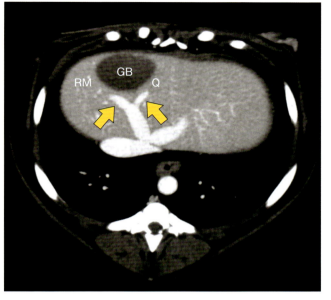

図8 肝静脈レベルのCT横断像
方形葉（Q）と内側右葉（RM）の肝静脈（⇨）は胆嚢（GB）のすぐ脇を走行する。図の上部が腹側

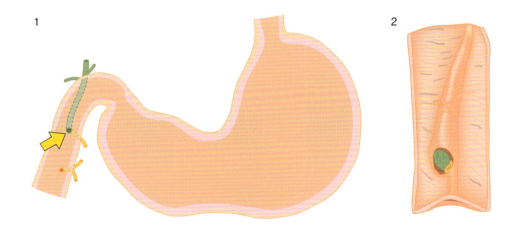

図9 総胆管の走行とOddi括約筋
総胆管は十二指腸付着部から粘膜下を数cm走行して大十二指腸乳頭に開口する（⇨）。Oddi括約筋は大十二指腸乳頭の開口部より総胆管周囲に存在し、腸内容の逆流を防いでいる。
1：総胆管の走行　2：Oddi括約筋

いる。胆嚢剥離の際には胆嚢管で結紮するが、この際肝管を損傷することがないように注意が必要である。50頭の雑種犬の胆道系の解剖をX線造影で確認した報告では、肝管分岐についてバリエーションが存在していた[13]。この研究では90%の犬で内側右葉からの肝管が最も胆嚢近くで胆嚢管に合流するのに対して、10%の犬では方形葉からの分岐が先に合流する。

総胆管は十二指腸接合部から1〜2cm粘膜下を走行して大十二指腸乳頭で十二指腸内に開口する。ここでは平滑筋括約筋（Oddi括約筋）が、腸内細菌や粒子状の食物残渣による胆道の逆行性汚染を防いでいる。犬と猫でこの開口は異なっており、犬では総胆管と主膵管がともに大十二指腸乳頭の部分で開口するものの、膵液分泌の主体は小十二指腸乳頭に開口する副膵管である。これに対して猫では主膵管が主たる膵液分泌の経路であり、Oddi括約筋の付着部の手前で総胆管と合流して大十二指腸乳頭に開口する（図9）。大十二指腸乳頭の位置は体格によってちがいがあると思われるが幽門から1.5〜6.0cm離れた位置に存在する[12]。

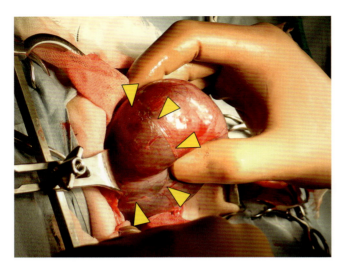

図 10-1　胆囊剝離中の術中所見
胆嚢壁を分離して胆嚢を剝離しているところ。
▷が被膜を切離した境界部。図の左側が頭側

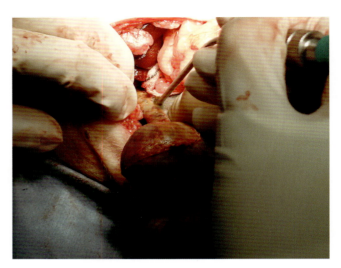

図 10-2　胆囊管まで剝離した胆囊
胆嚢実質から剝離した症例。図の左側が頭側

■ 胆囊の手術手技

　ここからは実際の手術手技についての様々な選択肢について論じる。手技によって手術のしやすさ、速さ、侵襲度、出血量などに多少のちがいはあるものの、その手技に慣れた人が行えば別に問題ないというレベルであり、実際のところどの手法をとっても胆囊が摘出できれば問題ないので、細かい手技のちがいを過剰に気にする必要はない。しかし、様々な手技を工夫するのが外科手術の真髄であり、同じ手術法だけを何年もやっているようでは手術成績の向上は見込めないという考え方もあるので、単なる胆嚢摘出といっても様々な方法があることを理解しておく必要がある。

◆ 胆囊剝離

　胆囊の剝離に際しては胆囊の漿膜層を分離して肝臓側に残す方法と単純に肝実質から胆囊を剝離する方法が選択できる（図10-1、10-2）。とくに慢性的に経過した症例においては被膜が厚みを増しており、分層するのは比較的たやすい。剝離に際して漿膜を残す方法のほうが理論上出血は生じにくいと考えられるが、実際には漿膜内にも小さな血管が多数存在するため、症例によってはある程度細かく止血をする必要がある。また、胆囊炎が存在する症例においては肝臓実質と胆囊漿膜の間に浮腫が生じているためかむしろ手早く剝離が完了する場合もあり、個人的にはこの議論はどちらでもよいと思っているが、胆囊の被膜にも層があることを意識していると、たとえば胆囊動脈が肝実質内を走行するとか、2本走行しているなどのいくつかのバリエーションが存在していることについて認識しやすくなると考えている。いっぽう、胆囊の層を分離することで操作中に胆囊が破れやすくなるという欠点もあり得る。胆囊摘出においては必ずしも胆囊壁の連続性を保ったまま切除する必要性はない。極端に大きくて視認性が悪いという理由から胆囊内容を減量してから剝離操作を行っている先生もおられると思うが、どのような方法にせよ、摘出できれば問題ない。

　胆嚢剝離については開始する方向についても議論がある。すなわち、胆囊が左右に接する方形葉、内側左葉の表面からはじめて肝門部に至る方法と、肝門部から剝離（場合によっては結紮離断も）を行い、表層に向かって剝離をすすめる方法がある。開腹下だと前者のほうが実施しやすく、腹腔鏡下だと後者のほうが実施しやすい可能性はあるが、どちらも術者のやり方次第だと思われる。

◆ 胆囊管の剝離

　胆囊管の剝離についてはどこまで行うべきかがしばしば問題となり、主に次に行う総胆管の洗浄方法に影響すると思われる。すなわち、総胆管洗浄を順行性に実施する場合には胆囊管から総胆管は非常に角度が急峻であるため[8]、胆囊管をあまり長く残すと洗浄しにくくなるというデメリットが存在する。ただし、胆囊管を短くするほど結紮が難しくなること、胆道閉塞がない症例においては総胆管を洗浄する必要がないことから、剝離を必要以上に行うべきではないと思われる。

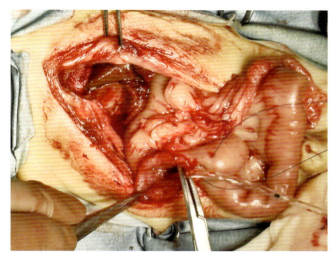

図11 総胆管の疎通確認を逆行性に行っているところ
大十二指腸乳頭に栄養カテーテルを挿入しているところ。十二指腸に支持糸をかけて牽引している。図の左側が頭側

◆ 総胆管の疎通確認

前述の通り、総胆管の疎通確認（洗浄）についてはその必要性についてよく考える必要がある。カテーテルを挿入して総胆管洗浄を行った群157例と無処置群95例を比較した報告ではカテーテル挿入群は中央値で35分間手術が延長していた[8]。カテーテル挿入を行った群については無処置群と比較して有意にASA（アメリカ麻酔科学会）スコアが高く、血清ビリルビン濃度も高く、総胆管が拡張していた。術中・術後合併症の発生率は両群間で同じであったが、術後の膵炎発生のオッズ比は先述の項目が0.8〜1.6程度であったのに対して総胆管カテーテル挿入はオッズ比8.1と有意に高い数値を示した。この報告では術後膵炎の発生頻度は順行性で87例中7例、逆行性で59例中7例と両群間で有意差は認められない（P＝0.57）という結果であった。別の報告では順行性67例、逆行性50例で比較した結果、膵炎、胆汁性腹膜炎、死亡率には差がなかったが、消化器徴候が持続していた[11]。逆行性に疎通確認をする際には腸切開の操作を加えるため（図11）、このような合併症が生じるのかもしれない。手術時間の中央値は順行性が110分、逆行性が134分で

あった。腸管を縫合しなければならない分、若干手術時間が延長しているものと考えられる。また、この報告では北米獣医外科専門医による執刀により術中術後の合併症率が有意に低下したことが示されており、いかに手術の手技によって術後成績が変化するかが示されている。

実験的には逆行性に胆汁を膵管に流入させると膵炎が誘発されることが知られており[14]、くり返してカテーテルを総胆管に挿入することが炎症や逆行性の細菌感染を惹起する可能性についても生じ得ること[8]を併せて考えると必要がなければカテーテル洗浄はしなくてよいと思われる。

◆ 腹腔鏡手術

また、近年は腹腔鏡手術が小動物臨床においても広く一般的となっており、熟練した術者が実施することによってその手術成績も非常に安定している。腹腔鏡は良好な視野が得られ、ライトによる視野の改善や拡大視、気腹による止血効果など多くのメリットがある。比較的症例数が多い報告では76例中71例（93.4％）で実施可能であり、術中および5日以内の術後死が71例中4例（5.6％）であった。手術時間の中央値は124分（55〜210分）であった（総胆管洗浄を行っていない14症例を含む）。同様の条件（順行性の総胆管洗浄を行った症例のみ）を行った開腹手術例の他施設のデータでは110分（85〜130分）であった[8]。熟練すれば開腹手術と同じぐらいの時間で実施でき、かつ侵襲も少ないということから今後は動物でも人のように腹腔鏡手術が一般化されるかもしれない。

■ おわりに

本稿では胆嚢の摘出手術について、論文等の手術成績を提示しつつ明日からの手術に役立つ知見を提供することを目的とした。何年たっても、この手術はこれが王道というものはないが、本稿が少しでも先生方の明日からの手術に役立つ情報を提供できていれば幸いである。

参考文献

[1] Malek S, Sinclair E, Hosgood G, Moens NM, Baily T, Boston SE. Clinical findings and prognostic factors for dogs undergoing cholecystectomy for gall bladder mucocele. Vet Surg. 2013 May; 42(4): 418-26.

[2] Pike FS, Berg J, King NW, Penninck DG, Webster CR. Gallbladder mucocele in dogs: 30 cases (2000-2002). J Am Vet Med Assoc. 2004 May 15; 224(10): 1615-22.

[3] Galley M, Lang J, Mitchell M, Fletcher J. Factors affecting survival in 516 dogs that underwent cholecystectomy for the treatment of gallbladder mucocele. Can Vet J. 2022 Jan; 63(1): 63-66.

[4] Jaffey JA, Graham A, VanEerde E, Hostnik E, Alvarez W, Arango J, Jacobs C, DeClue AE. Gallbladder Mucocele: Variables Associated with Outcome and the Utility of Ultrasonography to Identify Gallbladder Rupture in 219 Dogs (2007-2016). J Vet Intern Med. 2018 Jan; 32(1): 195-200.

[5] Cordella A, Gianesini G, Zoia A, Ventura L, Bertolini G. Multi-phase MULTIDETECTOR-row computed tomographic features and laboratory findings in dogs with gallbladder rupture. Res Vet Sci. 2022 Dec 31; 153: 137-143.

[6] Youn G, Waschak MJ, Kunkel KAR, Gerard PD. Outcome of elective cholecystectomy for the treatment of gallbladder disease in dogs. J Am Vet Med Assoc. 2018 Apr 15; 252(8): 970-975.

[7] Rogers E, Jaffey JA, Graham A, Hostnik ET, Jacobs C, Fox-Alvarez W, Van Eerde E, Arango J, Williams F 3rd, DeClue AE. Prevalence and impact of cholecystitis on outcome in dogs with gallbladder mucocele. J Vet Emerg Crit Care (San Antonio). 2020 Jan; 30(1): 97-101.

[8] Piegols HJ, Hayes GM, Lin S, Singh A, Langlois DK, Duffy DJ. Association between biliary tree manipulation and outcome in dogs undergoing cholecystectomy for gallbladder mucocele: A multi-institutional retrospective study. Vet Surg. 2021 May; 50(4): 767-774.

[9] Friesen SL, Upchurch DA, Hollenbeck DL, Roush JK. Clinical findings for dogs undergoing elective and nonelective cholecystectomies for gall bladder mucoceles. J Small Anim Pract. 2021 Jul; 62(7): 547-553.

[10] Jaffey JA, Kreisler R, Shumway K, Lee YJ, Lin CH, Durocher-Babek LL, Seo KW, Choi H, Nakashima K, Harada H, Kanemoto H, Lin LS. Ultrasonographic patterns, clinical findings, and prognostic variables in dogs from Asia with gallbladder mucocele. J Vet Intern Med. 2022 Mar; 36(2): 565-575.

[11] Putterman AB, Selmic LE, Kindra C, Duffy DJ, Risselada M, Phillips H. Influence of normograde versus retrograde catheterization of bile ducts in dogs treated for gallbladder mucocele. Vet Surg. 2021 May; 50(4): 784-793.

[12] Evans HE and Christensen GC. 1979. Bile passages and gall bladder. pp 499–501. In: Miller's Anatomy of the Dog, 2nd ed. (Evans HE and Christensen GC. eds.), Saunders, Philadelphia.

[13] Imagawa T, Ueno T, Tsuka T, Okamoto Y, Minami S. Anatomical variations of the extrahepatic ducts in dogs: knowledge for surgical procedures. J Vet Med Sci. 2010 Mar; 72(3): 339-341.

[14] Chan YC, Leung PS. Acute pancreatitis: animal models and recent advances in basic research. Pancreas. 2007; 34(1): 1-14.

犬と猫の消化器の超音波検査

どうぶつの総合病院 専門医療＆救急センター　福田　祥子

■ はじめに

犬と猫の消化管疾患の診断には超音波検査が非常に有用である。消化管疾患を理解するには、正常な消化管の解剖および超音波所見を理解することが重要である。本稿では消化管の正常所見と、よく遭遇する消化管疾患について説明する。

1 正常な消化管

■ 5層構造を意識する

消化管は、最も内側の内腔、粘膜、粘膜下織、筋層、漿膜の5層からなり、粘膜が低エコーの黒、粘膜下織が高エコーの白、筋層が黒となる（図1）。漿膜は非常に薄く、はっきりとは認識するのは難しい。

正常だと漿膜を除く4層は明瞭に観察できるが、異常が出てくるとこの層構造が不明瞭になったり、消失したりする。また、各々の層の厚みの比率が変わってくることもあるため、消化管を観察する際には、この5層構造を意識することが重要である。

十二指腸、空腸、回腸を含む小腸と結腸は、それぞれの部位によって見え方が異なる。また、動物種によってもやや特徴が異なる。これらのちがいを知らないと正常を異常ととらえてしまうので、しっかり頭に入れる必要がある。

十二指腸と空腸にはあまりちがいはなく、粘膜が最も厚くみえる。この点は猫も犬もちがいはない。

回腸は猫で特徴的で、粘膜が最も厚いという点では他の小腸と変わらないが、粘膜下織と筋層が他の部位よりもやや厚く目立つ[1]（図2）。

結腸は、小腸に比べると壁が薄く、また内腔にガスや便が入っていることが多いため、ガスからの多重反射や便からのシャドーにより、壁を全周明瞭に描出するのが難しいことが多い。また、内腔に内容物がない場合には虚脱し壁が厚くみえるため、これを異常ととらえないように気をつける必要がある。

したがって、結腸をみる場合には、内容物の種類や量によって見え方が変わることを意識しながら検査することが重要である。

■ ランドマークを使った部位の特定

消化管の超音波検査を実施する際に、自分がどこの腸管をみているのかを認識することはとても重要である。

そのためには、大体の場所や見え方で決めるのではなく、ランドマークを使って確実に場所を特定することが必要である。先述の通り、腸管は場所によって見え方が多少異なるが、これは正常の場合であって、層構造が変化する疾患があるため、見え方のみで消化管の部位を特定しようとすると誤診につながる。

◆ 幽門

幽門は消化管の重要なランドマークである。幽門は括約筋でできているので、筋層が局所的に厚くなり粘膜下織も目立つ。十二指腸は幽門から連続しているので、幽門がきちんと描出できれば、十二指腸を確実に認識することができる。

◆ 回盲部

もう一つの重要なランドマークは、回盲部である（図3）。回盲部では、回腸と結腸と盲腸がつながっている。回腸と結腸は大きく径が異なる。大きく径が異なる腸管が括約筋で連結する場所は他になく、非常に特徴的な見え方となり容易に認識できる。

回盲部は空腸リンパ節のやや右側に位置していることが多いため、まず空腸リンパ節からみつけるとわかりやすい。

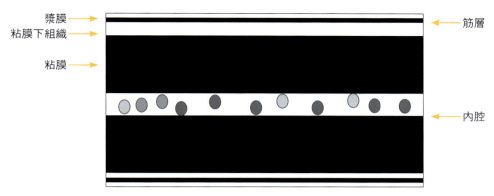

図1 消化管の5層構造

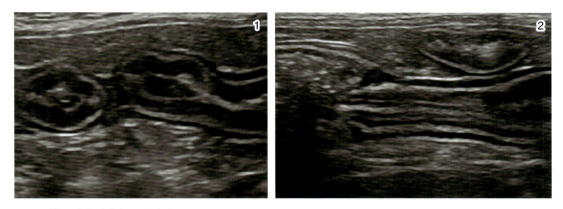

図2 猫の空腸（1）と回腸（2）

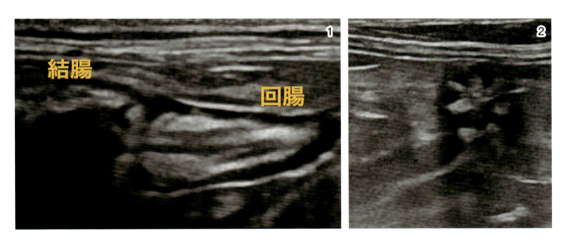

図3 猫の回盲部
1：結腸と回腸　2：盲腸

◆ 空腸リンパ節と前腸間膜静脈

　空腸リンパ節は、腹腔内で最も大きなリンパ節で、腹部の中央を軽くプローブで押すとみつかることが多い。このリンパ節は、併走する前腸間膜静脈および動脈のすぐ両側にある。前腸間膜静脈径は大動脈と後大静脈、門脈に次いで太く、腹腔内の正中に太い血管は他にないため、比較的探しやすい。また、前腸間膜静脈はそのまま連続して門脈となるため、前腸間膜静脈をみつけるのが難しい場合には、肝門部で門脈をみつけてからそのまま尾側へプローブをスライドさせれば確実にみつけることができる。

　空腸リンパ節をみつけたら、動物にとって空腸リンパ節の少し右側になる位置で結腸を探す。結腸をみつけたらプローブを頭側方向や尾側方向へ少しスキャンし、先述のように特徴的な大きな径の結腸と小さな径の回腸がつながる場所をみつける。

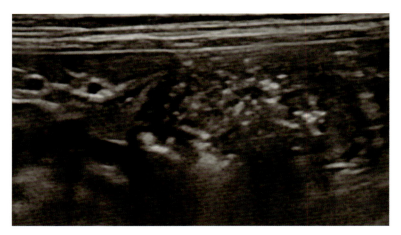

図4　犬の盲腸

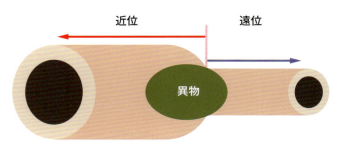

図5　異物閉塞の模式図

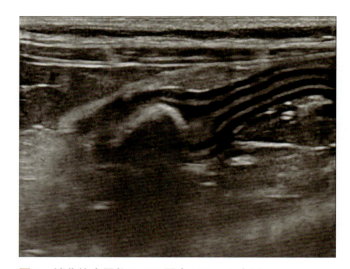

図6　消化管内異物による閉塞があった症例

　この他、回盲部からは盲腸も連続している。盲腸は犬と猫で見え方が大きく異なるので、それぞれの特徴を頭に入れておく必要がある。

　猫の盲腸は非常に特徴的な見え方で、盲腸の粘膜下層に低エコーの黒丸が断続的にならび水玉模様のようにみえるため、小さい袋状でみつけにくいが認識はしやすい。

　これに対し犬の盲腸の見え方は結腸とまったく同じで、壁が薄く多くの場合でガスによる多重反射を含有している（図4）。このため、犬の盲腸は結腸と見え方のみで区別することは難しい。したがって、回腸と結腸がつながる場所と連続しており、さらに袋状の行き止まりになっていることを確認する必要がある。

2　消化管の疾患

■ 消化管閉塞

　消化管閉塞は一般臨床で多く遭遇する疾患であり、かつ死に至る場合もあるため、確実に診断したい疾患のうちの一つである。

　消化管内に異物があり閉塞している場合、異物よりも近位では消化管は異常に拡張し、遠位では内容物が通過しないためほとんど空の状態になり、径が小さくなる（図5）。このように2つの径が大きく異なる小腸が混在する場合には、消化管の完全閉塞を疑う必要がある[2]。

◆ 急性の消化管閉塞

　X線検査で消化管閉塞を確定できる割合は70％程度といわれ、残りの30％では閉塞しているにもかかわらずX線検査で小腸の部分拡張は検出できなかったという報告がある。また、これらのX線で小腸の部分拡張が認識できなかった症例のうち50％が紐状異物であった。紐状異物はかならずしも小腸の異常な拡張をおこさないため、X線では診断できない場合もあるため注意が必要である。

　これに対し、超音波検査の消化管閉塞の検出率は97％と高い[3]。

　図6は消化管内異物による閉塞があった症例である

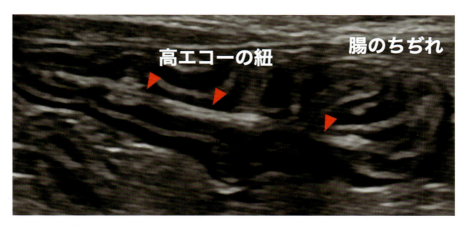

図7　紐状異物のある小腸

が、超音波では小腸の中にシャドーを引く異物がみられ、異物よりも吻側の小腸は拡張、異物よりも遠位の小腸は内容物がなく径が小さい。また、腸管の周囲の脂肪が不均一な高エコーを呈する。これは、非特異的な脂肪の浮腫でみられる所見であるが、炎症がある場所の周囲でみられることが多いため、異物の閉塞に伴うこの腸管の炎症が示唆される。

図7の小腸の中心部をみると、高エコーのライン（▶）があり、これを中心に小腸がアコーディオン状に縮れているのがわかる。また、胃は液体で拡張している。

猫は犬とちがってあまり水を一度にたくさん飲むことはしないため、ガスと同様に胃内に多量の液体が貯留している場合には、やはり機能性イレウスや閉塞など、消化管に何かしらの異常がある可能性がある。消化管穿孔は超音波検査ではX線検査よりも少量の遊離ガスや穿孔部位を検出することが可能である。

穿孔部位では、消化管壁に微細なガスの気泡がトラップされることが多いため、壁内に点状の高エコーがみえることがある。

穿孔部では強い炎症がおきるため、腸管の層構造が局所的に不明瞭となる。

また、穿孔部の周囲を中心に腹腔内脂肪は不均一な高エコーとなり、エコー原性が高い腹水が貯留、腹水中に漏れ出たガスの量にもよるが、少ない場合にはコメットテールが、多い場合には多重反射がみられる。

◆ 慢性の消化管閉塞

図8は慢性的な嘔吐で来院した猫のX線画像（図8-1）と超音波画像（図8-2）であるが、異常に拡張した腸管がみられ、内腔に砂のような石灰陰影が多量にみられる。一見すると拡張した結腸のようにみえる

が、すべてを結腸とするには距離が長すぎるため、この拡張した腸管は小腸の可能性が高いと考えられる。

図8-2は同じ症例の超音波画像であるが、回腸に腫瘤を形成しており（▶）、これよりも吻側で異常に小腸が拡張、内腔に砂状の高エコーの粒を多量に含んだ液状の内容物がみられ、シャドーを引いている（▶）。異物とちがって腫瘍は徐々に腸管を閉塞するため、慢性部分閉塞の原因となる。閉塞がある場所よりも吻側で内容物が長い期間滞留するため、腸管の内腔に吸収されない物質が沈殿していき、このようなgravel signとよばれる砂状の内容物がみられる[4]。

■ 消化管腫瘍

腸管に異常がある場合、その病変の分布がびまん性のものや単発性のもの、多発性のものがある。この分布により鑑別が変わってくるため、病変の分布を意識することは重要である（図9）。

また、この他、腸管の層構造が完全に消失しているのか、不明瞭なのか、それとも層構造は保っているけれども、各々の層の比率が正常と異なるのかも病気の鑑別を考えるうえで重要なポイントとなるので、これについても意識して検査することが重要である（図10）。

例外はあるが、一般的に炎症性疾患は病変の分布がびまん性で、腫瘍性疾患の分布は単発性もしくは多発性であることが多い。

壁の層構造については、炎症性疾患では多くの場合、層構造の消失はなく、筋層構肥厚がみられるのみである。

これに対し、悪性腫瘍では層構造が消失して低エコーを呈することが多い。

また、領域リンパ節の腫大は炎症性疾患でもおこ

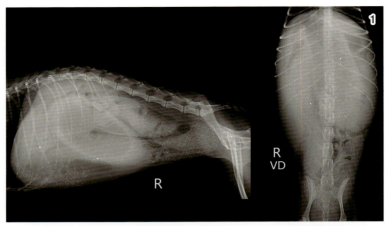
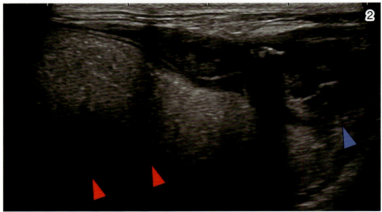

図8 慢性部分閉塞のX線画像（1）と超音波画像（2）
▶：回腸の腫瘤　▶：シャドーを引く内容物

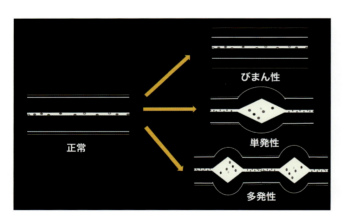

図9 消化管の病変の分布

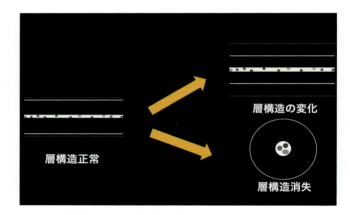

図10 消化管壁の層構造の変化

り得るが通常軽度で、腫瘍のリンパ節転移のほうが、腫大の程度がより顕著なことが多い。

また、その他の臓器への転移は腫瘍ではおこり得るが、炎症性疾患ではおこらないため、その他の臓器における異常の有無も重要である。

◆ リンパ腫

犬猫の腸管腫瘍のうちもっとも多く遭遇するのはリンパ腫である。なかでも猫ではより頻度が高く、腸管腫瘍全体のうちの約74％を占めるといわれおり、犬でも約33％と比較的大きな割合となっている[5]。

リンパ腫のほとんどの症例では、層構造が変化したり完全な消失がみられたりする。ただし、とくに柴犬で多いとされているびまん性にリンパ腫が腸管へ浸潤するタイプでは、超音波で異常が検出できない場合がある。そのため画像検査で消化管に異常がみつから

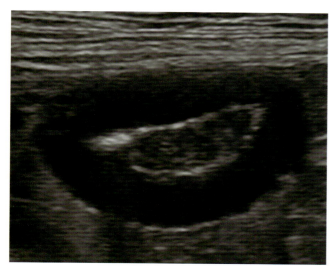

図11 猫の小腸のリンパ腫

ない場合でも、慢性腸症など臨床的に腫瘍性疾患や炎症性腸疾患が疑われる場合には、内視鏡による生検が必要である。

図11は猫の小腸の腫瘤で、層構造が貫壁性に完全に消失し、低エコーに観察される。リンパ腫は典型的には図11のように、貫壁性の層構造消失がある腫瘤様の肥厚が認められ、単発性の場合もあるが多発性のものも多くみられる。

◆ 腺癌

腺癌は、犬猫でリンパ腫に次いで多い消化管の腫瘍である。腺癌もリンパ腫と同様に貫壁性に病変が浸潤し、多くの場合で層構造の消失がみられる。ただし、実際の組織とは一致しない層構造がみえる場合があり、pseudolayeringとよばれている[6]。

リンパ腫と腺癌は一見すると非常に似ていて、画像診断のみでこの2つを完全に分けることは難しいが、若干傾向が異なる。

リンパ腫は多発する傾向にあるが、腺癌は基本的には単発性であることが多い。腺癌では求心性に病変が大きくなる傾向にあるため、消化管の内腔狭窄の原因になりやすく、リンパ腫では狭窄はあまりおきない。

リンパ腫では病変の石灰化はほとんどみられないが、腺癌では石灰化する場合がある。

また、リンパ腫では著明なリンパ節腫大がみられることが多い。腺癌でもリンパ節転移した場合には腫大するが、リンパ腫よりも腫大の程度がややマイルドであることが多い。

このように、リンパ腫と腺癌では病変の特徴にいくつか異なる傾向があるため、画像診断のみで確定することは難しいものの、どちらのほうがより可能性が高いかという判断はできる場合がある。

図12-1および図12-2は同じ症例の回腸腫瘤であるが、貫壁性で層構造が完全に消失、部分的に石灰化している（▶）。腫瘤部で回腸内腔は狭窄しており、腫瘤（▶）よりも吻側は著明に拡張してシャドーを引く内容物（▷）を含有しており、慢性的な部分閉塞に伴うgravel signが疑われる。

以上の所見から、図12の病変の筆頭鑑別には、腺癌が挙げられる。

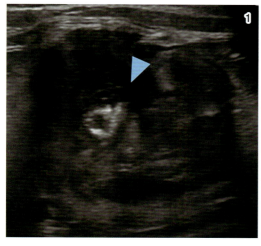
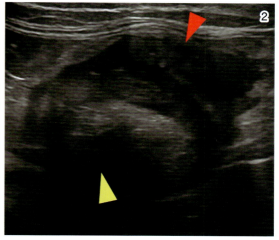

図12 回腸に発生した腺癌
1：腫瘤は部分的に石灰化している
2：腫瘤の吻側で腸管は拡張し、内腔にgravel signを示唆するシャドーを伴う内容物を含有している
▶：腫瘤の石灰化　▶：腫瘤　▷：シャドー

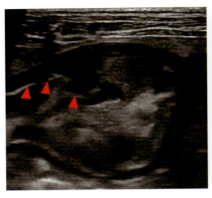 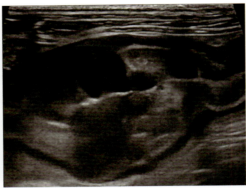 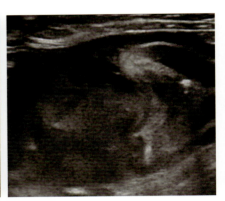

図13　平滑筋腫
▶：筋層から腫瘤が連続している

◆ 平滑筋腫、平滑筋肉腫、消化管間質肉腫

　リンパ腫や腺癌よりも発生頻度が高くないが、消化管に発生する腫瘍には、この他、平滑筋由来の平滑筋腫や平滑筋肉腫、消化管間質肉腫（GIST）が含まれる。

　これらの腫瘤は消化管の筋層から連続して圧排性の腫瘤をつくるのが特徴で、リンパ腫や腺癌とは見え方が大きく異なる。

　平滑筋腫と平滑筋肉腫は同じ平滑筋腫瘍の良性腫瘍と悪性腫瘍であるため、非常に類似しているが、平滑筋肉腫のほうが大きく辺縁が不整になりやすい傾向にある。

　また、GISTについてもこの2つと非常に類似しており、画像所見のみで平滑筋腫瘍とGISTを鑑別するのは難しい。しかし、好発部位がやや異なり、平滑筋腫瘍は胃に、GISTは盲腸に発生することが多い傾向にある[7]。

　ただし、いずれの腫瘍も消化管のどこに発生してもおかしくなく、組織学的にもこの2つは類似しており区別ができないため、確定診断には病理組織での免疫染色が必要となる。

　図13は空腸に発生した平滑筋腫の症例であるが、よくみると消化管の5層構造のうち筋層から腫瘤が連続しているのがわかる（▶）。また、腫瘤は充実性で比較的均一な低エコーを呈し、辺縁も比較的平滑であるため、先述の3つの腫瘍のうちでは平滑筋腫が最も一致している。

　図14では、空腸の筋層から連続して大型の圧排性腫瘤（▶）が形成されている。

　図13の平滑筋腫とは異なり、腫瘤内は不均一で液体が貯留した不整な空洞が複数みられる。平滑筋肉腫は圧排性に大きくなることから内腔狭窄がおきにくい

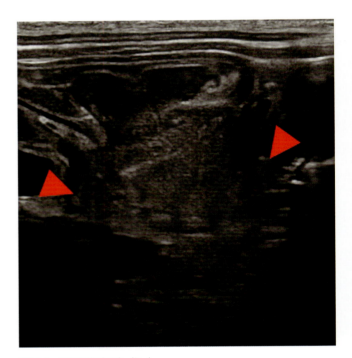

図14　平滑筋肉腫（▶）

ため、病変が小さなうちは明らかな臨床症状を出さない傾向にあり、このように病変が大きくなってからみつかることも多い。

　図15は別の平滑筋肉腫の症例で、盲腸壁から連続して圧排性に増大しており、腹腔内を占拠している。平滑筋肉腫やGISTはその圧排性腫瘤という特徴から、臨床症状が出にくいため、このように大型化する場合がある。

■ 腫瘤をつくる非腫瘍性疾患

　最後に腫瘍ではないが、腫瘤をつくる疾患について説明したい。

　猫の好酸球性硬化性線維増殖症という疾患は、成

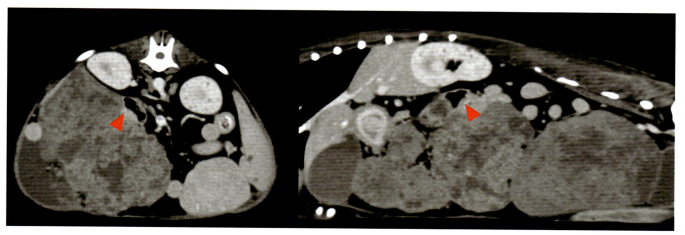

図15　平滑筋肉腫のCT画像
▶：壁から圧排性に形成された腫瘤

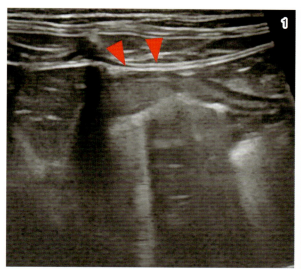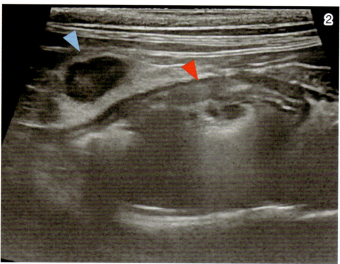

図16　猫の好酸球性硬化性線維増殖症による幽門洞壁肥厚
▶：幽門洞壁　▶：膵十二指腸リンパ節
1：幽門洞壁は肥厚し、層構造が不明瞭
2：膵十二指腸リンパ節はやや腫大して低エコー。周囲の脂肪に輝度上昇を認める

猫で発症する疾患で、長毛種、とくにラグドールで好発する。また、主な好発部位は幽門や回盲部である[8]。

図16-1、図16-2は幽門と十二指腸の接合部であるが、幽門洞壁が肥厚して層構造が不明瞭となっている（1・2▶）。また、壁肥厚部の左上にある楕円形の構造は膵十二指腸リンパ節（2▶）で、正常よりも低エコーで周囲に脂肪輝度上昇がみられる。

これらの変化は腺癌やリンパ腫など消化管にできやすい悪性腫瘍と類似しており、超音波画像のみで鑑別するのは難しい。ただし、猫の好酸球性硬化性線維増殖症の場合、好発する猫の種類が比較的はっきりしており、長毛種に偏っているため、シグナルメントを合わせると診断しやすい。とくに症例がラグドールの場合は必ず鑑別に入れる必要がある。

先述の通り猫の好酸球性硬化性線維増殖症の好発部位は消化管で、なかでも幽門や回盲部で多いが、消化管以外でも発症する場合がある。

図17のX線画像の▷で示した部位には、結腸の背側に軟部影がみられる。結腸はこの部位で背側から高度に圧迫されており、▶の部位で内腔が狭窄し、その頭側には宿便を疑うデンシティが高い便の貯留がみられる。

図18は同じ症例の超音波画像であるが、X線画像と同様に腫瘤により結腸が高度に圧迫されており（図

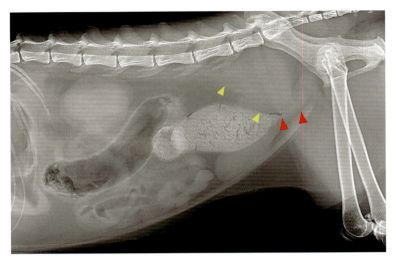

図17　結腸背側の軟部影（猫）
▷：軟部影　▶：内腔の狭窄

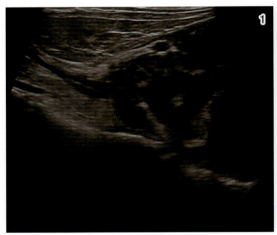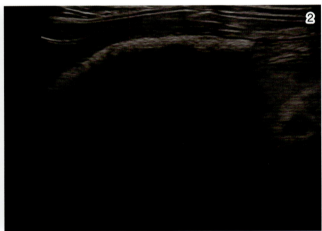

図18　図17と同症例の超音波画像
1：不均一な低エコーを呈する腫瘤
2：腫瘤の吻側の結腸に貯留する宿便からのシャドー

18-1）、圧迫部よりも頭側の結腸には宿便を疑うシャドーを引く便がみられる（図18-2）。この腫瘤は外科手術で切除され、好酸球性硬化性線維増殖症の組織学的診断が得られた。

■ おわりに

消化管疾患を理解するには、まず正常な消化管の見え方や解剖学的位置、動物種によるちがいをしっかりと頭に入れ、正常を異常ととらないようにする必要がある。

異物による閉塞に対する超音波検査の感受性は非常に高く、また侵襲性がない。X線では場合によっては検出が難しいことがある紐状異物や少量の腹腔内遊離ガスも検出できるため、消化管内異物や閉塞、穿孔を疑っている症例では積極的に使用するべきである。

また、画像診断のみでは消化管腫瘍の種類を確定することはできないが、患者のシグナルメントやヒストリーに加え、病変の数や分布を考慮し、形態をよく観察することである程度の鑑別を行うことができるので、各々の腫瘍性および非腫瘍性疾患の特徴を頭に入れておくことも重要である。

参考文献

[1] Penninck D. Atlas of Small Animal Ultrasonography, Second Edition, Wiley-Blackwell, 1991.

[2] Finck C, D'Anjou MA, Alexander K, Specchi S, Beauchamp G. Radiographic diagnosis of mechanical obstruction in dogs based on relative small intestinal external diameters. Vet Radiol Ultrasound. 2014 Sep-Oct; 55(5): 472-9.

[3] Sharma A, Thompson MS, Scrivani PV, Dykes NL, Yeager AE, Freer SR, Erb HN. Comparison of radiography and ultrasonography for diagnosing small-intestinal mechanical obstruction in vomiting dogs. Vet Radiol Ultrasound. 2011 May-Jun; 52(3): 248-55.

[4] Thrall DE. Textbook of Veterinary Diagnostic Radiology, Sixth Edition, Saunders, 2012.

[5] Frances M, Lane AE, Lenard ZM. Sonographic features of gastrointestinal lymphoma in 15 dogs. J Small Anim Pract. 2013 Sep; 54(9): 468-74.

[6] Paoloni MC, Penninck DG, Moore AS. Ultrasonographic and clinicopathologic findings in 21 dogs with intestinal adenocarcinoma. Vet Radiol Ultrasound. 2002 Nov-Dec; 43(6): 562-7.

[7] Hobbs J, Sutherland-Smith J, Penninck D, Jennings S, Barber L, Barton B. ULTRASONOGRAPHIC FEATURES OF CANINE GASTROINTESTINAL STROMAL TUMORS COMPARED TO OTHER GASTROINTESTINAL SPINDLE CELL TUMORS. Vet Radiol Ultrasound. 2015 Jul-Aug; 56(4): 432-8.

[8] Linton M, Nimmo JS, Norris JM, Churcher R, Haynes S, Zoltowska A, Hughes S, Lessels NS, Wright M, Malik R. Feline gastrointestinal eosinophilic sclerosing fibroplasia: 13 cases and review of an emerging clinical entity. J Feline Med Surg. 2015 May; 17(5): 392-404.

消化管内視鏡のテクニック❶

上部／下部の挿入や浣腸の仕方

東京大学 大学院農学生命科学研究科 附属動物医療センター　中川　泰輔

■ はじめに

　内視鏡とは、主に生体内を観察することを目的とした医療装置であり、硬性鏡（胸腔鏡、腹腔鏡、膀胱鏡など）と軟性鏡（消化管内視鏡、気管支鏡）に大きく分けられる。また最近では、消化管内を観察するためのカプセル内視鏡といったものも開発されている。本稿では、消化管内視鏡に関する詳細や実際の手技について述べさせていただく。

❶ 消化管内視鏡検査でできること

　消化管内視鏡検査では、消化管内腔や粘膜面を直接的に観察すること、さらに観察しながら粘膜を生検することが可能である。また消化管異物の摘出やポリープ切除、食道狭窄などに対するバルーン拡張術、経内視鏡的胃瘻チューブの設置などの特殊処置も実施することができる。今回はこれらの中でも、上部／下部の挿入や浣腸の仕方について説明する。

❷ 消化管内視鏡検査のメリットとデメリット（表1）

　消化管内視鏡検査のメリットとして、外科手術と比較して侵襲性が少なく、かつ迅速な処置が可能な点が挙げられる。病変の評価という部分においても、内視鏡検査のメリットは大きく、外科手術では消化管内腔の観察が困難であるという問題に対して、内視鏡検査では消化管内腔を直接的に観察可能であることから潰瘍や狭窄性病変などの発見には優れている。また意外に重要なメリットとして、消化管内視鏡検査では外科手術よりも圧倒的に多くの部位から生検可能な点が挙げられる。消化管疾患において、病変は必ずしも消化管全域に均一に分布しているわけではなく、特定の部位に限局していることも少なくない。その他、数打てば当たるというものでもないが、可能なかぎり多くの部位から生検を実施することは重要であり、内視鏡検査の大きなメリットであるといえよう。

　いっぽうで、内視鏡検査にもデメリットは存在する。当然ではあるが、全身麻酔が必要であるため、全身麻酔をかけられない症例には実施できない。また内視鏡検査でも、すべての消化管が検査できるわけではなく、空腸の大部分は内視鏡スコープが届かず観察困難である。さらに消化管内視鏡生検で採取できるのは粘膜層までであり、粘膜下組織より深部に病変を形成するような疾患（平滑筋腫、GIST〈消化管間質腫瘍〉、一部のリンパ腫、消化管神経叢の異常など）においては、内視鏡生検では異常が検出できない。また内視鏡検査装置自体が高価であることや検査手技の習熟が必要な点などもデメリットである。

表1　消化管内視鏡検査のメリットとデメリット

メリット	・侵襲性が少ない ・開腹手術より迅速に処置できる ・粘膜病変の発見では手術より優れる 　（潰瘍、浸潤性病変、狭窄疾患） ・粘膜の生検が多数できる
デメリット	・全身麻酔が必要 ・消化管の全域を検査できない ・粘膜下織から漿膜の生検ができない ・装置が高価

❸ 挿入と観察の概要

■ 内視鏡の選択

　一般的な動物用消化管内視鏡は、いわゆる太い内視鏡（スコープ外径8〜9mm、有効長1,400mm、鉗

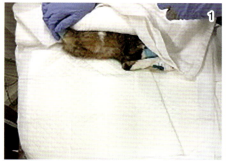
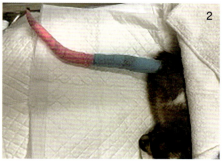
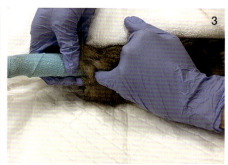
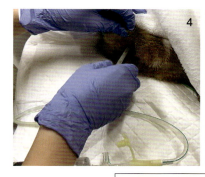
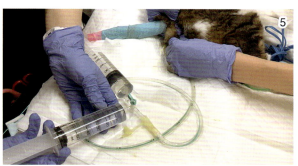

水場が近くない場合ペットシーツを数枚敷く

尻尾に便が付着しないようにバンデージングテープを巻く

用手で近くの便を掻き出す

- カテーテルを挿入し体温程度の温水をゆっくり注入
- 注入量は10〜20 mL/kg
- 注入しながらカテーテルを前後させる
- 排泄される水が透明になるまでくり返す

図1　浣腸の手順

子チャネル径2.8mm）と細い内視鏡（スコープ外径5〜6mm、有効長1,100mm、鉗子チャネル径2.0mm）に分けられる。細い内視鏡のほうが挿入しやすく有利なように思われがちであるが、細い内視鏡は操作部の力が伝わりにくく、思いのほか操作性は悪い。また有効長が短いため、観察可能な範囲が限られてしまう。加えて鉗子チャネルの差は最大のデメリットであり、チャネル径2.0mm用の生検鉗子で採取可能なサンプルサイズは2.8mm径用の半分ほどになってしまう。そのため、内視鏡選択の際は、可能なかぎり太い内視鏡を用いるのが基本である。小型犬（5kg未満）や猫は細い内視鏡を用いることが多いが、挿入のしやすさは症例ごとに異なるため、臨機応変に内視鏡を変更する。

■ 麻酔と内視鏡時の体位

麻酔は他の全身麻酔同様の一般的な麻酔導入および管理を行う。症例の全身状態や基礎疾患にもよるが、一般的には12〜24時間の絶食、アトロピンおよびオピオイド（ブトルファノール、ブプレノルフィンなど）の前投与を行い、プロポフォールによる導入およびイソフルランにより維持する。下部内視鏡を行う場合は、24〜48時間程度の絶食および麻酔前にラクツロースなどによる浣腸を行ったほうが糞便の残留が少なく観察しやすくなる。しかし、実際は手間や症例の状態などからすべての症例で行うことは難しい。その場合は、麻酔導入後にマーゲンチューブなどを肛門から入れ、温水浣腸を行い糞便を排泄させる（図1）。

導入が終わったら症例を左下横臥にする。こうすることで身体の右側に位置する幽門部や回盲部がつぶれにくく挿入がしやすくなる。食道チューブや胃瘻チューブを設置する場合は体位が逆となる。また内視鏡保護のためにバイトブロックを装着する。

■ 内視鏡の基本的操作法

内視鏡は内視鏡操作部を左手、スコープを右手でもつのが基本的な構えである（図2-1、2-2）。内視鏡操作部には先端部の動きをコントロールするアングルノブ、送気・送水ボタン、吸引ボタンがあり、他に静

図2-1 内視鏡の構え方
通常は左手で操作部を、右手でスコープを保持する

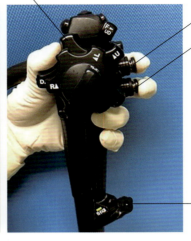

図2-2 操作部のもち方
人差し指を吸引ボタン、中指を送気・送水ボタンに置く。親指はアングルノブを操作する

図3 アップアングルを最大限にかけた状態（Jターン）
最も可動域が広いアップアングルを利用することが内視鏡操作の基本である

止画を撮影するためのフリーズボタンなどがついている。アングルノブはアップアングルが最も大きく弯曲（210°）させることが可能であり、ダウンおよび左右アングルは90～100°しか動かすことができない。そのため、内視鏡のコントロールはアップアングルをいかに上手く使いこなすかが重要である（図3）。もう一つ内視鏡操作のコツとなるのが、内視鏡操作部自体を回旋させることによる動きである（図4）。アングルノブだけで内視鏡を動かすのには限界があるが、そこに内視鏡の回旋運動を組み合わせることで内視鏡のコントロールできる範囲を大きく広げることができ

る。実際には、これら内視鏡スコープの操作と送気・送水、吸引の操作を消化管の動きに合わせてコントロールする必要があり、操作のたびに手元のアングルノブやボタンをいちいち確認しているようでは上手くいかない。内視鏡操作の練習自体は生体を使わなくても十分可能であり、毎日少しの時間でもよいので内視鏡自体に触って動かしてみることが内視鏡上達のための近道である。

■ 食道の内視鏡操作

助手に症例の口を開いてもらい、内視鏡を症例の背側に沿わせてまっすぐすすめて食道に挿入する。このとき上部食道括約筋を通過する感触がある。食道に挿入したら少し送気を行い、食道を拡張させ視野を確保する。この際、助手は食道上部を外部から押さえて空気が漏れないようにする（図5）。送気しても視野が確保できない場合、少し内視鏡を引き戻すと視野が確保できる。食道以降の操作でも共通することであるが、視野が確保できていないのに無理に内視鏡を押しすすめるのは厳禁である。頸部食道から胸部食道にかけては緩やかにカーブしているため、内視鏡を食道内腔中央にキープしながらゆっくりとすすめていく。

■ 胃の内視鏡操作

噴門部で少し送気をしながら内視鏡をすすめる。食道から胃にかけてはくさび状に曲がっているので、スコープ先端に少し角度をつけると胃内に入りやす

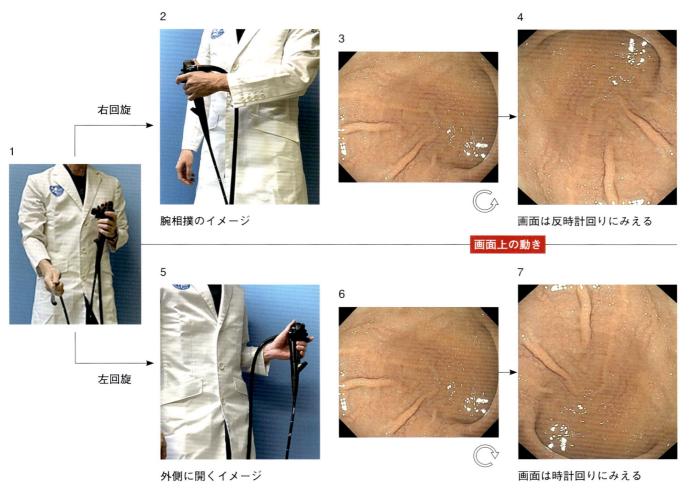

図4 内視鏡操作部の回旋運動
上図（右回旋）：進行方向が画面右にある場合、正面に構えた状態から内視鏡操作部を右に回旋させる（図4-2）。
　　　　　　　この操作でスコープが右回転（時計回り）し、画面は左回転（反時計回り）する（図4-3）。
　　　　　　　進行方向が画面上に移動したら、アップアングルをかけながらスコープをすすめる（図4-4）。
下図（左回旋）：進行方向が左にある場合は、左回旋（図4-5）させると画面は右回転（時計回り）し（図4-6）、
　　　　　　　進行方向が画面下に移動する（図4-7）

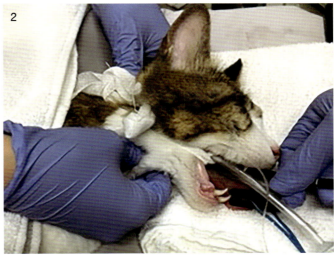

図5 食道の内視鏡操作
1：開口させて挿入しやすくする
2：スコープが食道まで挿入されたのを確認
　　→食道を体表から軽く圧迫
　　→送気した空気が漏れるのを防ぐ

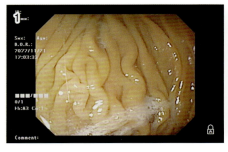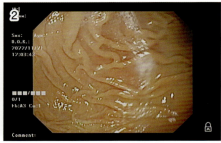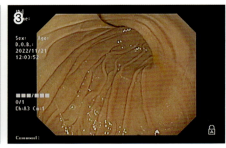

図6　胃の内視鏡操作
1、2：胃に入ったら皺壁がうっすら確認できる程度まで送気
3：胃角の位置を確認、胃体部全体を観察

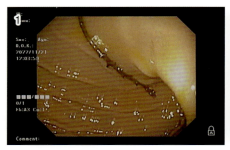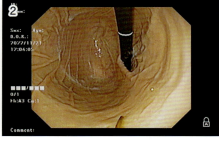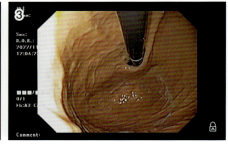

図7　胃底部の確認方法
1、2：スコープを胃角方向にすすめアップアングルを最大限かける（Jターン）
3：スコープを回転させ裏側も確認

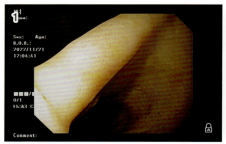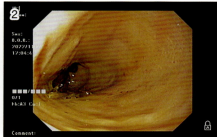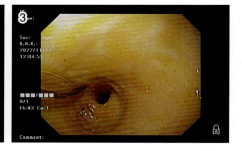

図8　幽門洞の観察
1：Jターンを解除し胃角を確認
2、3：大弯に沿わせながらスコープを幽門洞へすすめる

い。挿入の際に送気しすぎると胃が過膨張するため注意する。胃内に入ったら、送気を行い観察しやすくする。送気の目安として胃の皺壁が、うっすら確認できる程度までにとどめ過膨張は避ける（図6-1、6-2）。胃を拡張させたら内視鏡を動かしまずは胃体部全体を観察する（図6-3）。胃角が確認できたら、胃角が内視鏡画面の上部に映るように内視鏡操作部を回旋させ、スコープを回転させる。その状態のまま内視鏡を少しすすめながらアップアングルを最大限にかける（Jターンとよばれる）と胃底部が確認できる（図7-1、7-2）。ここでもスコープを回転させ胃底部全体を観察する（図7-3）。胃底部の観察が終了したら、Jターンを解除しながら胃角を観察する（図8-1）。胃角を観察したら再度スコープ角度を弱めて、スコープを胃体部大弯側に向かってすすめる。この際も胃角が常に画面上部に位置するようにコントロールし、スコープが大弯壁に接触しそうになったら少しアップアングルをかけ、再度スコープをすすめる。この動作をくり返しながらすすむと幽門洞が正面に観察できる（図8）。ここで幽門に向かってさらに押しすすめようとすると、スコープをすすめればすすめるほど幽門から遠ざかるという現象（奇異性運動）がおきることがある。

消化管内視鏡のテクニック❶　上部／下部の挿入や浣腸の仕方

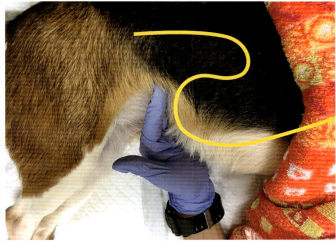

図9　助手により外から内視鏡を押し、胃が尾側に伸展しないようにする
——は内視鏡スコープ

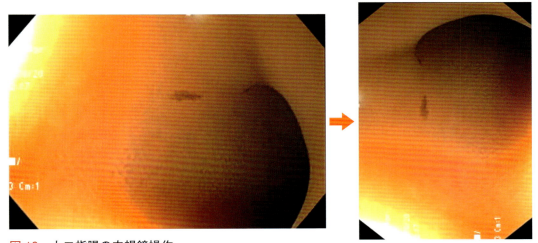

図10　十二指腸の内視鏡操作
進行方向は画面右側なのでスコープを右旋回して画面上部に進行方向を映し出し
アップアングルをかける

これは内視鏡をすすめると胃壁が押されて伸展してしまうことで生じる。そのため幽門挿入前に胃内の空気を少しだけ抜いておくと伸展が軽減できる。また胃の伸展には限界があるためゆっくりとスコープをすすめていけば、いずれ内視鏡は前方にすすんでいく。どうしてもすすまない場合は、胃が尾側に伸展しないように、助手に外部から胃を押してもらう（図9）。

■ 十二指腸の内視鏡操作

　十二指腸への挿入は、上部消化管内視鏡における難関の一つであるが、操作法は症例によらずほぼ一定なので慣れれば誰でも挿入可能である。内視鏡スコープを幽門ぎりぎりまで近づけ、軽く送気する。幽門が開いたら送気量を調整しながら少しずつスコープをすすめ、十二指腸にスコープ先端を挿入する。幽門を通過したあと、十二指腸は画面右側に向かって大きく急カーブしているため、内視鏡操作部を右側へ大きく回旋させる。こうすることで進行方向が画面上部に移動する。この段階まできたらアップアングルをかけながらスコープをすすめることで十二指腸に挿入できる（図10）。十二指腸壁は食道や胃よりも脆弱なため、無理なスコープ操作は避ける。

■ 結腸および回腸の内視鏡操作

　下部消化管における基本的な内視鏡操作は上部消化管と同じである。結腸にスコープを挿入したら、助手に肛門を押さえてもらい空気が漏れないようにする（図11）。その後は、画面をみながらスコープをすすめるだけだが、思っている以上に結腸は蛇行しているため、内視鏡操作部の回旋とアップアングルをうまく

97

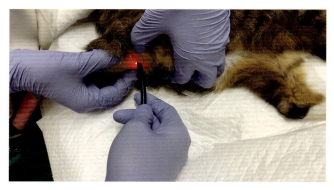

図11 肛門全体を包み込むように押さえて空気の漏れを防ぐ

使いながらすすんでいく。回盲部に到達すると、盲結口と回結口（回腸乳頭）が確認できる。回結口への挿入時は、スコープをぎりぎりまで近づけて少しずつ送気しながら慎重にすすめていく。この際、回結口を画面の正面に常に捉えるようにスコープ先端を調整するのが重要である。

■ おわりに

　内視鏡検査において、内視鏡スコープのコントロールは最低限必要な技術であり、これが安定してできないとその先の異物摘出や生検などを実施することは容易ではない。

　本文中でも述べたが、内視鏡操作が上達するためには、内視鏡装置に数多く触れて慣れることが一番である。

　これは生体を用いなくても内視鏡をもって指先で動かすだけでも十分である。そうすることで自然と自転車に乗れるように無意識に内視鏡が自由自在に動かせるようになってくる。もし内視鏡検査に苦手意識があるのであればぜひ一度騙されたと思ってやっていただければと思う。

消化管内視鏡のテクニック❷
びまん性病変に対する基本的な生検法

東京大学 大学院農学生命科学研究科 附属動物医療センター　中川　泰輔

■ はじめに

内視鏡生検は、消化管内視鏡検査における最重要プロセスである。内視鏡検査をしたら必ず生検をするというのは当然であるが、たとえ生検を実施しても適切な方法でなされなければ生検の価値は半減してしまう。生検のクオリティに影響する要因として、生検部位の選択やサンプルの数とクオリティ、サンプル処理法が挙げられ、クオリティの高い生検のためにはどれも欠かすことができない。また病変がびまん性に認められる場合と明らかに限局している場合でも生検の考え方は異なる。内視鏡生検ではとくにびまん性病変に対する生検が重要になるため、本稿ではびまん性病変に対する基本的な生検法について述べる。

1 内視鏡生検のメリットとデメリット(表1)

消化管の生検を検討する場合に、最初に考えることとして内視鏡生検と外科的生検のどちらを選択するかということである。外科的生検と比較した場合の内視鏡生検のメリットとしては何といっても侵襲性やコストが圧倒的に低いことが挙げられる。また内視鏡生検では比較的短時間に数多くの部位から生検ができるため、とくにびまん性病変が疑われる症例では第一選択となる。いっぽうでデメリットとしては、空腸の大部分は内視鏡が届かず生検が困難であることや粘膜層よりも深部の生検ができないことなどが挙げられる。そのため、消化管生検にすすむ前にどの部位に病変があるのかを想定したうえで、生検法を選択することが重要である。

2 サンプル数とクオリティ

当センターでは基本的に胃、十二指腸、回腸、結腸から病理組織検査用の検体を最低6個、細胞診用検体を1〜2個、クローナリティ用検体を1〜2個採取しており、すべての検体数は30〜40個ほどになる。胃と十二指腸における生検検体のクオリティと数による病理組織検査に対する影響を調べた報告では、クオリティのよい検体が最低6個あれば病変を高確率で検出できることが報告されている[1]。そのため、胃、十二指腸、回腸、結腸の各部位で6個ずつ検体を採取し病理組織検査に提出するのが望ましい。ただし検体

表1　内視鏡生検のメリットとデメリット

	内視鏡生検	外科的生検
メリット	・迅速、低侵襲 ・粘膜病変の観察 ・多くのサンプルを採取 ・病変に届けば診断的	・病変の部位はどこでも可能 ・硬い組織も可 ・全層生検 ・治療もできる
デメリット	・全域を検査できない ・粘膜下織から漿膜の生検ができない ・硬い組織は採取しにくい	・粘膜がみえない ・意外に適切な部位を生検するのが困難 ・癒合不全の可能性 ・侵襲性、コストが高い

消化管内視鏡のテクニック❷　びまん性病変に対する基本的な生検法

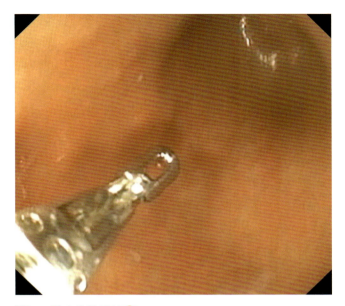

図1　胃の生検手技❶

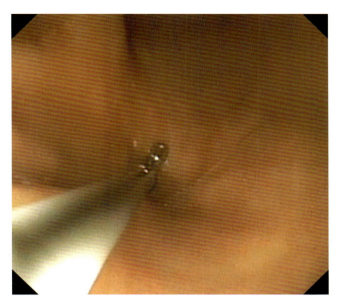

図2　胃の生検手技❷

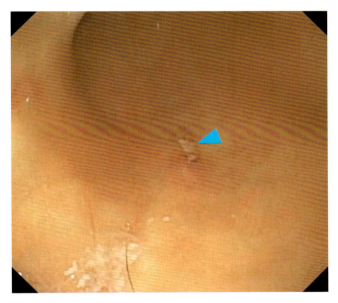

図3　胃の生検手技❸
生検後の胃粘膜（▲）

❸ 胃の生検手技

胃の生検は、基本的に以下の手順で行う。
❶生検鉗子を鉗子チャネルから出し鉗子を開く（図1）。
❷カメラ正面に位置する粘膜に対して生検鉗子を軽く押し当てる（図2）。
❸粘膜を把持したのを確認したら生検鉗子を引き抜く（図3）。

■ 注意点

胃底部を生検する場合、Jターン（スコープ先端に最大のアップアングルをかけた状態）のようにスコープ先端に大きく角度がついている状態で生検鉗子を出し入れすると内視鏡を傷つける可能性がある。そのため、生検鉗子を出し入れするときはスコープ角度を一度弱め、鉗子チャネルから生検鉗子を出したのちに再度角度をつけるようにする。

また胃が拡張しすぎていると生検鉗子が粘膜を滑りやすいため、粘膜ヒダがうっすら確認できるまで脱気する。

❹ 小腸の生検手技（図4）

小腸の生検イメージは図4の通りである。このイメージをもちながら生検を行う。
❶生検鉗子を鉗子チャネルから出し鉗子を開く（図5）。
❷鉗子を開いたら、開いた状態のままスコープ先端

が小さい、検体の処理を間違えているなど「クオリティの悪い」検体では、著しく検出感度が落ちるためより多くの検体数が必要となる。そのため、生検に慣れないうちは各部位6個という数にはこだわらず、より多くの検体を採取し病理組織検査に提出する。

一般的に良質とされる検体は、生検カップ全体に広がるぐらいの長さと幅があり、粘膜筋板まで採取されているものである。またカップから取り上げるときに崩れないしっかりしたものがふさわしい。

101

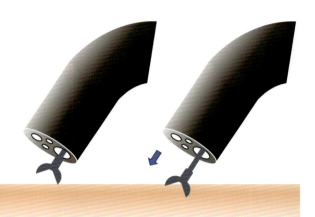

| 1. 鉗子を出して
カップを開く | 2. カップを開いたままスコープの
ギリギリまで引き戻す | 3. スコープを曲げ
粘膜面に向ける | 4. 鉗子を押し付けて
カップを閉じる |

図4　小腸の生検イメージ

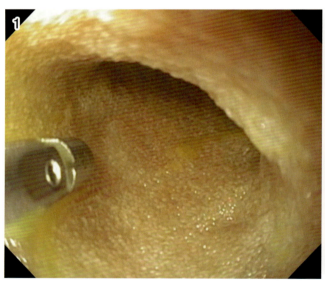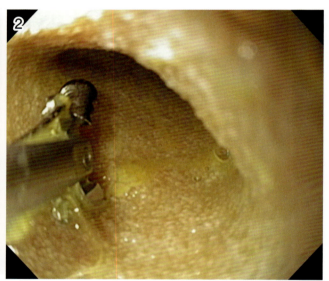

図5　小腸の生検手技❶

まで生検鉗子を戻す。空気で腸が拡張しすぎていると生検鉗子が粘膜を滑りやすいため軽く脱気する（図6）。

❸スコープを目的とする粘膜面に垂直に当たるように曲げる。このときスコープが粘膜面に垂直に当たっていれば、カメラが粘膜に覆われるため視界がほとんどなくなる（図7）。この状態で生検鉗子を粘膜面に向かい押し進める。生検鉗子が粘膜に当たり、軽く抵抗を感じたら生検鉗子を閉じる。

❹曲げていたスコープを元の位置に戻し、生検鉗子を引き抜く（図8）。

❺ 検体処理

　生検検体を適切に処理できなければ、いくら良質な検体であってもその診断価値は大きく低下してしまう。とくに採取した検体をホルマリンにそのまま浸漬するような方法では検体が折れ曲がり、検体の上下もわかりにくくなるため病理組織学的評価が非常に困難になる。そのため、内視鏡検体は必ず濾紙に貼り付ける濾紙固定法による処理を行い病理組織検査に提出する。濾紙固定法を用いることで、検体を伸ばした状態で粘膜面を一定方向に固定することができるため、評価を行いやすい病理組織標本（図9）を作製できる。

図6　小膜の生検手技❷

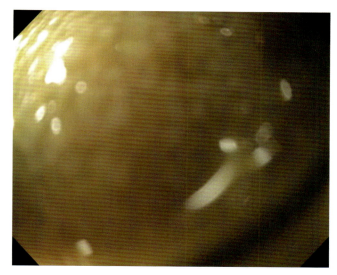

図7　小膜の生検手技❸

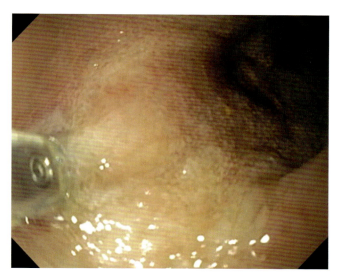

図8　小膜の生検手技❹

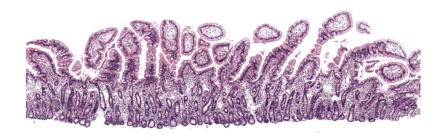

図9　濾紙固定法を用いたサンプル
検体がきれいに広がり、絨毛が粘膜面に対して垂直に伸びており、絨毛先端から陰窩まで観察可能である

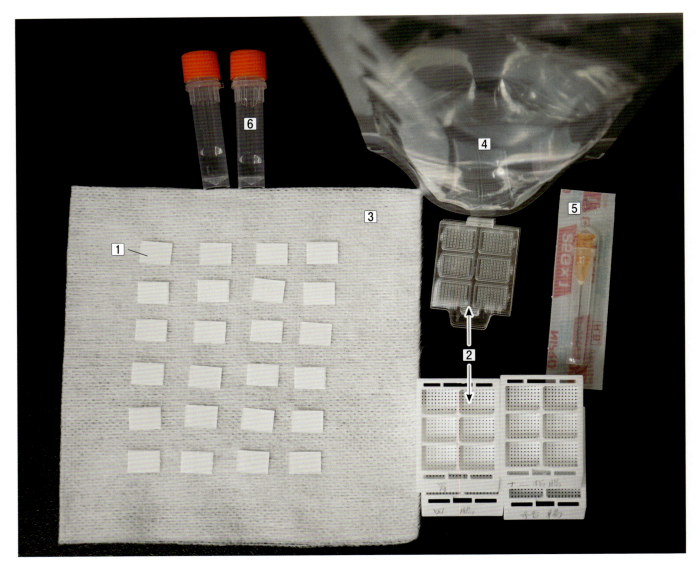

図10 濾紙固定法の手技❶
①濾紙、②専用カセット、③ガーゼ、④ホルマリン入り容器、⑤25〜27G注射針、
⑥クローナリティ検査用チューブ

6 濾紙固定法の手技

濾紙固定法を実施するために図10のものを用意する。以下の手順で標本を作製する。

❶ガーゼの上に、必要数の濾紙を並べ、軽く生理食塩水で湿らせておく（図10参照）。

❷検体を採取したら生検鉗子を開き検体を確認する（図11）。表面がつぶつぶしており粘膜面側が折りたたまれているのがわかる。

❸25〜27Gの注射針先端を使いながら挫滅させないように慎重に検体をカップ内で広げる（図12）。粘膜面に対して垂直に生検鉗子が当たっていれば、検体を広げたときにつるつるとした粘膜筋板面が確認できる。

❹注射針を用いて、検体を慎重にカップ内から取り出し、粘膜面が表になるように濾紙に置く（図13）。この際、濾紙の長辺に対して検体の向きをそろえるように置く。絨毛が存在しない胃や結腸は粘膜面が裏になっても、病理組織学的評価には大きな影響はない。

❺採取部位ごとに検体をカセットに入れる。症例情報や採取部位をカセットに記載し、ホルマリン入り容器に入れる（図14）。

7 内視鏡生検サンプルを用いた細胞診

内視鏡で採取したサンプルを用いて細胞診を行うことも筆者は必ず実施している。細胞診を行うメリッ

消化管内視鏡のテクニック❷　びまん性病変に対する基本的な生検法

図11　濾紙固定法の手技❷

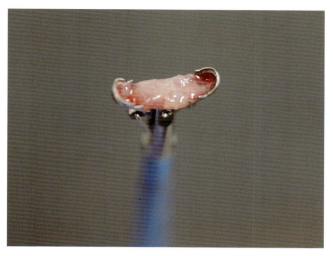

図12　濾紙固定法の手技❸

図13　濾紙固定法の手技❹：十二指腸検体を濾紙の上に置いた状態
1：粘膜面が上になっており表面がつぶつぶしている
2：粘膜筋板面が上になっており、表面はつるつるしている

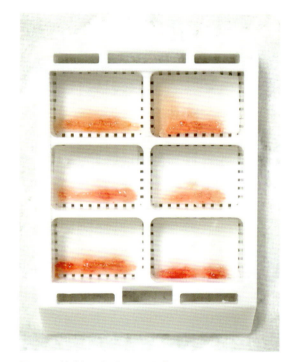

図14　濾紙固定法の手技❺

トは、病理組織検査よりも迅速に評価することが可能であるため、一般状態が悪い症例などで暫定的な診断を下すための材料になることである。とくに大細胞性リンパ腫であれば、細胞診からでも十分に疑うことができることも少なくない。ただし、採取部位によっては、過剰診断や見逃しもおこり得るため、あくまでも暫定的な判断であることを理解しておく。

細胞診標本のつくり方としては、通常の血液塗抹やFNAサンプルをつくるときと同様に2枚のスライドグラスにサンプルを挟んでサンプルを引き伸ばす方法で行う（図15）。この際、内視鏡生検サンプルは厚みがあるため、FNAサンプルのようにスライドグラスの重さだけでは検体を伸ばし広げることができない。そのため、スライドグラスに挟んだサンプルを指で十分に押し広げたのちにスライドグラスを引き伸ばすようにする。分厚すぎる細胞診標本では、評価が困難なため、慣れるまでは何度か練習するとよい。

スライドグラスにサンプルを挟む	サンプルを手で押し広げる	サンプルを押し広げた状態
スライドグラスを平行にスライドさせ、塗抹する	風乾する	

図15　細胞診標本のつくり方

■ おわりに

　内視鏡生検およびそのサンプル処理は、内視鏡検査における最重要ポイントといっても過言ではない。とくにサンプルのろ紙への貼り付けはかなりの習熟が必要である。上達のためにはサンプルの丁寧な取り扱いだけでなく、実際に作成された標本を確認することも重要である。実際に確認してみると想像通りの理想的な標本になっていることもあれば、想像と全然異なる低クオリティの標本ができ上がっていることもある。そのなかで少しずつでも上達できるように試行錯誤をくり返していくことが重要である。

参考文献

[1] Willard MD, Mansell J, Fosgate GT, et al. Effect of sample quality on the sensitivity of endoscopic biopsy for detecting gastric and duodenal lesions in dogs and cats. J Vet Intern Med 2008; 22: 1084-1089.

消化管内視鏡のテクニック❸
異物摘出

東京大学 大学院農学生命科学研究科 附属動物医療センター　中川　泰輔

■ はじめに

異物誤飲は緊急疾患であり、二次診療施設よりも一次診療施設で遭遇することが多いと思われる。そのため、異物摘出手技に関して、熟知している先生も多いと思われるが、後述するように異物摘出をスムーズに実施するためには、内視鏡操作者だけでなく内視鏡助手の理解と協力が不可欠である。そのため今回は、内視鏡助手を行うような若手獣医師や愛玩動物看護師の理解を深めるための内容となっているため、是非一読いただきたい。

1 異物摘出で使用される鉗子

- **把持鉗子**（図1）：柔らかい異物、薄い形状の異物に適応である。把持力はそこまで強くないが、操作性がよいのが特徴である。
- **バスケット鉗子**（図2）：球形の異物だけでなく、大きな薄型の異物まで幅広い形状の異物にも対応可能であり、異物摘出において最もよく使用される鉗子である。ただし、バスケット内に異物を上手くはめ込むためには、少しコツがいるため上手に扱うには慣れが必要である。
- **生検鉗子**（図3）：通常は粘膜の生検用の鉗子だが、柔らかい異物や薄い異物であれば摘出のために使用することができる。
- **V字鰐口鉗子**（図4）：開口が非常に大きく把持力も強いため、大型の異物や硬い異物など様々な形状の異物に適応可能な鉗子である。

2 内視鏡助手に求められること

異物摘出において、スムーズに手技を行うためには、内視鏡操作者だけでなく内視鏡助手の理解と協力

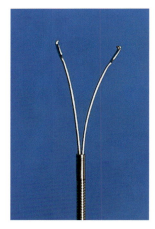
図1　把持鉗子

図2　バスケット鉗子

図3　生検鉗子

図4　V字鰐口鉗子

が非常に重要である。内視鏡スコープによる上下左右の操作は内視鏡操作者が行うが、鉗子の開閉操作および鉗子を前後に動かす操作は内視鏡助手が行う必要がある。とくに前後方向への動きは、操作の目的を理解していないと適切な操作ができないため、内視鏡助手も異物摘出の手技および摘出までの流れをきちんと理解しておく。

消化管内視鏡のテクニック❸　異物摘出

図5　把持鉗子の使用例
異物の先端が内視鏡を引き抜く方向を向かないように把持する

図6　内視鏡用保護キャップの使用例
保護キャップを使用する場合は、異物先端がキャップ内に入るように把持する

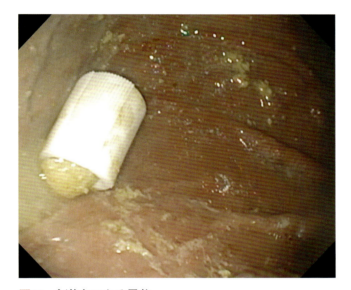

図7　食道内にある異物

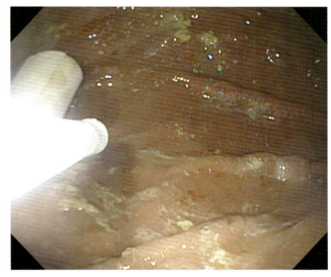

図8　異物からバスケット鉗子を少しずらして挿入

❸ 異物摘出手技

　ここからは実際の異物摘出の手技について解説していく。異物摘出には、把持鉗子もしくはバスケット鉗子が用いやすく、異物の形状に合わせて適切なものを選択する。把持鉗子は操作性がよく、棒状や板状の異物、紐状異物など細かい操作が要求される異物に対して用いられる。とくに針など先端が鋭利な異物では、異物を把持する位置に工夫が必要であるため、把持鉗子が適している（図5）。また内視鏡用保護キャップを使用することで、より安全に摘出することができる（図6）。ただし、把持力はそこまで強固でないため、噴門部などを通過する際に異物が脱落しやすい。いっぽう、バスケット鉗子は、ボールや石など球形の異物だけでなく、布やゴム手袋など不定形の異物にまで幅広く対応できる。また、非常に強力に把持できるため把持鉗子では脱落してしまうような異物にも適応可能である。食道内異物で把持が困難な場合も、異物を胃内に押し込んで落としたうえで、バスケット鉗子で把持すると摘出しやすい。ただし、バスケット内に異物を上手くはめ込まないと把持できないため、バスケット鉗子の操作には慣れが必要である。

　バスケット鉗子による異物摘出の基本的な手順を以下に示す。

❶異物を画面に捉え、バスケット鉗子を挿入する（図7）。この際、異物から少しずらして挿入する（図8）。
❷異物脇の胃壁に向かってバスケット鉗子を押し当てて広げる（図9）。
❸バスケット鉗子を異物側に倒し、バスケット内に異物を入れ込む（図10）。
❹バスケット鉗子を押し入れながら、ゆっくり鉗子を閉じる（図11）。
❺しっかりと把持できたら鉗子を引き、内視鏡カメラの前まで異物を引きつける（図12）。この際異物で視野はなくなる（図13）。異物が内視鏡カメラから離れないように、引きつけたまま内視鏡ごと異物を引き抜く。

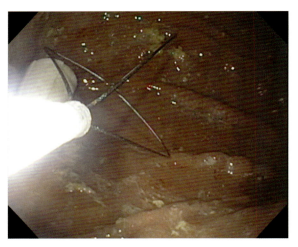

図9 食道内で広げたバスケット鉗子
胃壁に押し当てて広げるとバスケット鉗子がきれいに広がりやすい。どのくらい鉗子を広げるかは異物の大きさによって調整する

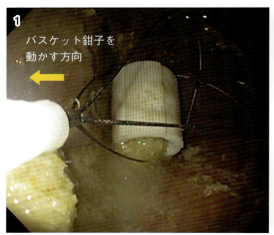
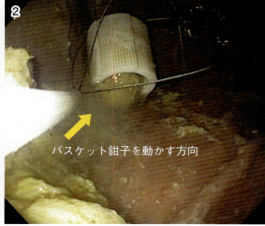

図10 バスケット鉗子内に異物を入れ込んでいるところ
バスケット鉗子を押し込むように倒していくと、バスケット内に異物が入りやすい

図11 バスケットを閉じたところ
鉗子を閉じる過程でバスケット鉗子の基部が異物から離れると、異物がバスケット内から外に落ちやすい。バスケット鉗子の基部は異物から離れないように、鉗子を押し込みながら調整する

図12　内視鏡カメラの前まで引きつけられた異物

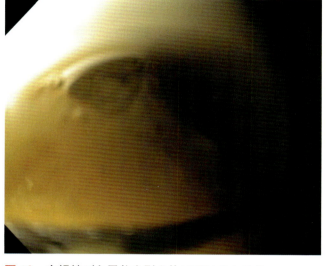

図13　内視鏡ごと異物を引き抜いているところ
噴門部は食道にかけてくさび状に曲がっているので、内視鏡をまっすぐ引き抜くのではなく、やや斜め方向に引き抜くようにすると抵抗が少なくなる

■ おわりに

　今回は一般的な形状をした異物の摘出手技を解説したが、実際に遭遇する異物の形状は様々である。

　それらのなかには一筋縄ではいかない異物もあるため、今回紹介した摘出鉗子や摘出方法を様々に組み合わせて対応する必要がある。慣れるまでは摘出するまでに時間がかかってしまうかもしれないが、摘出するまでの流れをイメージしながらくり返し実施すれば確実に上達するためあきらめずにチャレンジしてもらえればと思う。

生検なんて怖くない
消化管全層生検と肝生検および膵生検（腹腔鏡下／開腹下）の適応と方法

宮崎大学 農学部附属動物病院　金子　泰之

■ はじめに

　多くの消化器疾患で最終的に確定診断を行うためには生検が必要となる。そのなかで消化管の生検といえば、内視鏡生検が主流である。しかし、内視鏡生検では届かない場所や採取できない部位もあり、診断のために全層生検が必要になることもしばしばある。また実は猫においては、消化管全層生検は意外に安全性が高い。

　本稿では消化管の全層生検、腹腔鏡下および開腹下での肝生検、膵生検の適応や方法を解説する。また膵生検においては診断のための膵臓の観察のポイントを紹介する。

1 消化管全層生検

■ 消化管生検の適応

　消化管の生検は主に慢性腸症が対象となる。慢性腸症の定義は対症療法に抵抗性または再発性で3週間以上の消化器症状を呈し、一般的な血液検査、画像検査で原因の特定に至らない原因不明の消化器疾患とされる。そして、慢性腸症は治療に対する反応性から食事反応性腸症、抗菌薬反応性腸症、免疫抑制剤反応性腸症（炎症性腸疾患）、治療抵抗性腸症に分類される。このなかにリンパ腫など腫瘍は含まれていないが、実際には犬や猫で慢性腸症にリンパ腫が隠れている場合もある。その際の鑑別に必要になる検査が生検である。生検に先立って、食事反応性腸症を疑い、食事を変更してから生検をするのか、それとも先に生検するのかのタイミングに悩みは尽きない。しかし、生検のタイミングに関するガイドラインは存在しないため、筆者は軽度であれば、食事の反応性をみてから生検をすることが多い。ただし、中等度から重度の慢性腸症であれば、早めに生検を実施している。

■ 生検の方法（内視鏡生検 vs 全層生検）

　消化管の生検方法としては、内視鏡生検か全層生検が行われる。そのなかで、一般的には内視鏡生検が行われることが多い。内視鏡生検の最大のメリットは低侵襲であることである。また多くの慢性腸症の病変が上皮向性に粘膜部に認められやすいとされているため、診断がつく可能性が高い検査でもある。デメリットとしては、病変の採取できる範囲が限られるという点と生検できる組織量が小さいという点が挙げられる。内視鏡生検ができる範囲は、犬では内視鏡を口から挿入すると、胃から十二指腸と空腸の一部まで、肛門から挿入すると直腸、結腸と回腸の一部である（図1）。猫では口から内視鏡を入れると、胃、十二指腸まで、肛門から挿入すると直腸、結腸、回腸の一部が生検可能である。この範囲で診断に至れば問題ないが、診断がつかないこともある。とくに猫ではリンパ腫は空腸と回腸に病変が認められることが多いとされる[1、2]。そのため、猫では口と肛門両方からの内視鏡の挿入が必要となり、麻酔時間も長くなるため、麻酔侵襲は大きくなる。さらに猫のリンパ腫の予後に関して、貫壁型T細胞性リンパ腫は生存中央値が1.5ヵ月であり、粘膜型T細胞性リンパ腫は生存中央値が29ヵ月であるという報告がある[2]。そのため、猫では貫壁型か粘膜型かの診断が必要であると思われるが、内視鏡では病変は粘膜部しか生検できないので診断ができない（図2）。

　いっぽうで全層生検のメリットは、全層を生検できるので診断がより正確になるという点である。つまり、筋層も評価できるのでリンパ腫だった場合、貫壁型か粘膜型なのかの診断も可能である。リンパ腫でない場合にも炎症が筋層まで波及しているのかの診断は可能である。さらに、また生検時に腹腔内の観察もできるという点と、ほとんどの腸の生検が可能である点

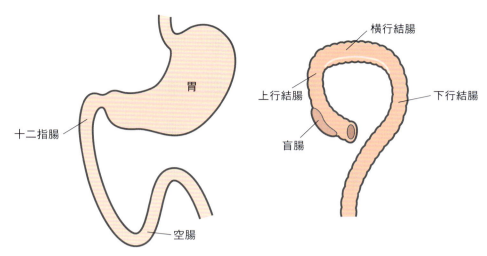

図1 犬の内視鏡生検の範囲（左：口からの挿入、右：肛門からの挿入）

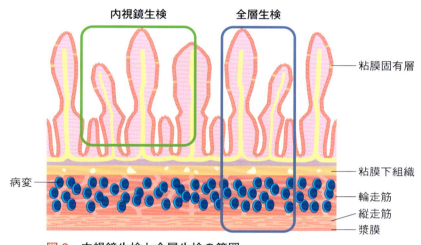

図2 内視鏡生検と全層生検の範囲

も挙げられる。デメリットとしては、開腹手術となり侵襲性が内視鏡よりも大きい点が挙げられる。また全層を生検パンチで抜くので、腸内容物の漏出が合併症として生じ得る。そして、その結果、ご家族の同意が得にくいという点が考えられる。しかしながら、筆者は日常の診療において、とくに超音波検査で筋層肥厚が認められる場合など内視鏡では生検できない範囲に病変が認められそうなときは、ご家族に丁寧な説明を行っており、多くの場合で全層生検の同意を得られている。

■ 全層生検の安全性

全層生検の安全性に関して、猫では消化管のリンパ腫の全層生検もしくは手術をした報告がある[3]。その結果においてデータの残っていた69例では、術後に消化管内容物の漏出は認められなかった。またその他2報[4、5]においても、消化管手術において猫では術後の漏出は認められていない。そのため、猫においては全層生検の安全性は比較的高いと思われる。いっぽうで犬においては消化管手術の術後の漏出は約10％程度と報告[6]されており、猫と比較して漏出のリスクは高いと考えられる。しかし、これらの報告は全層生検の報告ではなく、犬の全層生検後にこれほど高い漏出が生じるかは不明である。ただし経験上はそこまでリスクは高くないと考えている。犬において、消化管手術後の漏出は大腸外科、術前の腹膜炎の存在、また低アルブミン血症がリスク因子となり得ると報告されている[6]。そのため、とくに犬においては状況を判断して全層生検を実施するのか、内視鏡生検を実施するか考えることが重要であると考えられる。筆者も大腸の生検は基本的に内視鏡で行う。

現在の筆者の方針としては、猫において全層生検

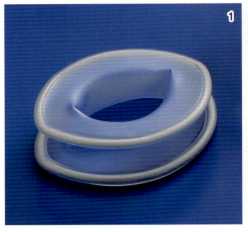
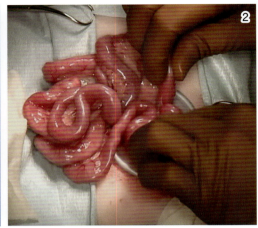

図3　ラッププロテクター®
1：ラッププロテクターのミニ楕円タイプ
2：約3〜4cmの切皮で設置可能

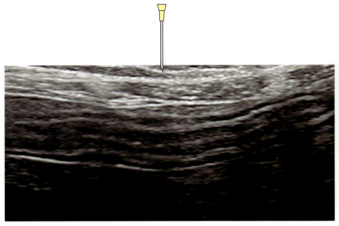
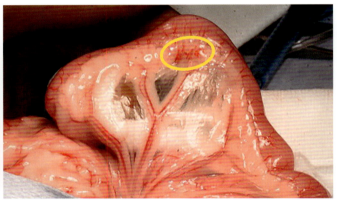

図4　超音波ガイド下でマーキング（◯）し、全層生検を実施

は比較的安全であると考えており、とくに超音波検査において筋層に病変（筋層肥厚など）が認められればほとんどすべての症例で全層生検を行う。犬においても明らかに筋層に病変が認められれば全層生検を行う。ただし、重度の低アルブミン血症の場合や大腸の生検では内視鏡生検を実施することにしている。

■ 全層生検の実施方法

全層生検は開腹で行うため侵襲性が大きいが、その侵襲を少しでも減らすため、開創器としてラッププロテクター®（ミニ楕円タイプFF0707D、八光）を使用している（図3）。この開創器を使用することで皮膚の切開は3〜4cm程度で消化管全層生検を実施することが可能である。また術前に超音波装置ガイド下で生検したい部位に経皮的に25Gの針を刺し、生検したい腸の部分にマーキングしてから麻酔導入を実施し、全層生検を行っている（図4）。次に実際の手術手順を示す。

麻酔導入後、仰臥位で動物を保定し、臍部を3cmほど切開する。切開後、ラッププロテクター®を設置する。ラッププロテクター®の設置は製品の添付書を参照する。その後、生検部位（空腸など）を腹腔外に牽引する。腹腔外に腸を牽引したうえで、先にマーキングした部位を確認する。生検パンチ（犬6mm、猫4mm）で全層生検を実施する。マーキングした部位と近位、遠位の最低3ヵ所は生検している。生検パンチで消化管を生検する際に、生検した材料が消化管内に落ち込まないように生検の前後を手で挟み生検している（図5）。生検後、消化管の吻合を並置吻合で実施する。消化管の吻合は粘膜下組織が機械的な強度を有しており、また血流も豊富な部位であるので確実に針を刺入し消化管壁が並置するように注意して吻合する。また粘膜が外反すると漏出のリスクとなるので粘膜が外反しないように注意する。粘膜の外反防止とし

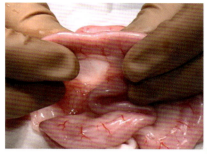

術前にマーキングした部位
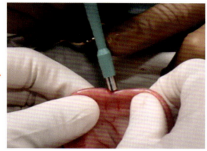
4mm生検トレパンでくり抜く
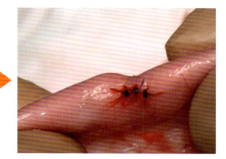
縫合

図5 マーキングした部位の生検
生検トレパンは犬：6mm、猫：4mmを使用している。
狙った部位と近位、遠位1ヵ所以上を生検している

て吻合する糸を締め込む際に粘膜をモスキート鉗子などで押し込みつつ糸を締め込むと外反しにくい。吻合後、腹腔外で消化管を温生食にて洗浄してから腹腔内に戻す。ラッププロテクター®を外し、腹壁、皮膚を定法通りに吻合し終了する。

吻合後は、3日目あたりが漏出しやすい時期であるので、腹水が認められないかなど注意深く観察する。

術前に食事療法を行わずにいた場合、術後は生検の結果を待たずに食事療法をはじめる。

■ まとめ

消化管全層生検は得られる情報量も多く、また特別な装置を必要とせずとも実施できるよい方法であると考えている。とくに猫では筋層肥厚はよく認められ、生検結果により治療方針や予後が大きく変わるので積極的に取り入れてもよい手技ではないかと考えている。

2 肝生検

■ 肝生検の適応

肝生検はすべての肝疾患が適応となる。一般的に肝生検の適応は、1) 原因不明の慢性的な肝酵素上昇、肝機能が低下している症例、2) 全葉に肝臓腫瘍が疑われる症例、3) 犬種特異的な肝疾患の評価、4) 治療の反応や病態の進行の評価などが挙げられる。1) の慢性的な肝酵素上昇に関しては、症例の肝酵素上昇が本当に肝疾患で上昇しているのか除外しなければならない点、つまり二次性肝障害の除外が重要である。成書にも原発性肝疾患よりも二次性肝障害のほうが多いとも記載されており、内分泌疾患や膵炎などで肝酵素が上昇していることはしばしばあるので注意が必要である。

筆者は、肝酵素上昇の患者を症状がない場合とある場合で対応を分けている。二次性の肝障害の除外ももちろん行うが、症状がない場合はまず食事の変更や利胆剤などの対症療法を実施し、症状が3ヵ月以上持続している場合に肝生検を考慮している。ただし、胆汁酸が上昇していたり、黄疸など症状が出てきたりした場合や超音波検査で肝臓の構造に異常がある場合には症状がなくとも早めに肝生検を実施している。

■ 肝生検前の注意点

肝機能が低下している症例では血液凝固因子の産生低下に伴う凝固因子不全が生じ得るため、血小板数を含めて血液凝固系検査を実施している。凝固因子の異常が認められた場合にはビタミンK製剤の投与や輸血の実施あるいは準備をして肝生検を実施している。また腹水が認められている場合には利尿剤の投与や食事療法を行い、腹水をなるべくコントロールしてから実施している。重度の肝臓のうっ血や血管肉腫、肝動静脈瘤など肝臓実質に血流が豊富な場合には肝生検は

図6 腹腔鏡用の生検鉗子

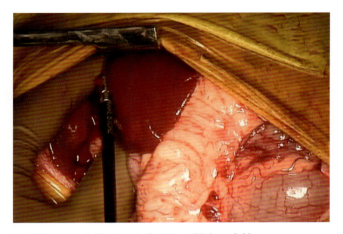

図7 図6の生検鉗子を使用した開腹下生検

禁忌である。

　また、とくに若齢で肝臓が小さく、また胆汁酸が増加している場合は門脈体循環シャントを除外する必要のある肝生検だけでは門脈対循環シャントと原発性門脈低形成は診断できない。そのため、先にCT検査などで門脈体循環シャントを除外してから肝生検を行っている。

■ 肝生検の方法

　肝生検の方法としては、針吸引生検、針コア生検、腹腔鏡下生検、開腹下生検が実施可能である。

◆ 針吸引生検

　針吸引生検は採取できる細胞数が少ないため、確定診断が下せることは少ない。ただし、リンパ腫や肥満細胞腫などの独立円形腫瘍や肝リピドーシスなどは診断可能な疾患である。しかし肝炎などの診断において、針生検は組織診断との一致率は低い。

◆ 針コア生検

　針コア生検も針吸引生検よりは高いものの組織検査と比べると診断精度が低い。そのため、筆者らの施設では行うこと自体も少ないが、全葉にわたり腫瘍病変が疑われ手術適応とならない場合に行っている。

◆ 腹腔鏡下生検、開腹下生検

　腹腔鏡下生検および開腹下生検では診断するのに十分な組織が採取可能である。腹腔鏡下生検では腹腔鏡装置が必要であるが、1cmの傷口2〜3ヵ所で肝生検が実施可能である。また腹腔鏡生検時には筆者らは腹腔鏡用の生検鉗子（CE0123、カールストルツ・エ

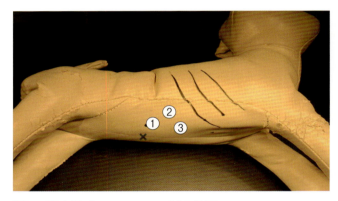

図8 肝生検時のトロッカー挿入位置
① 1本目は気腹後に腹部の頂点になりそうな位置に挿入する
② 2本目は2本目のやや頭側に挿入する
③ 3本目を入れる場合は1本目の右外側に挿入する

ンドスコピー・ジャパン）を用いている（図6）が、これは開腹下生検でも使用可能である（図7）。肝生検の採材は、複数の肝葉から生検することが推奨されている。Kempらの報告では犬では最低2葉から生検を行えば98.6％で主病変を特定できた[7]とされている。筆者は最低3ヵ所の生検を行っている。また肉眼的に正常部と異常部の両方が含まれるように生検している。生検する肝臓の大きさは成書ではギロチン法で2cm以上とされているが、Vasanjeeらの報告では$1cm^3$以上の採材を行えば評価に値する肝臓の組織量がとれていた[8]とされている。そのため、それ以上の大きさの材料を採取できるように心掛けている。また先述した腹腔鏡用の生検鉗子でも評価に値する肝臓の組織は採材できたとの報告もある[9]。

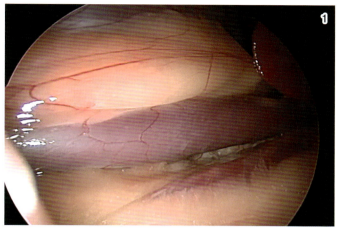
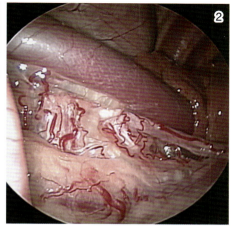

図9　門脈本管と後大静脈の観察
1：正常な後大静脈周辺の写真
2：後天性門脈体循環シャントが認められた後大静脈周辺

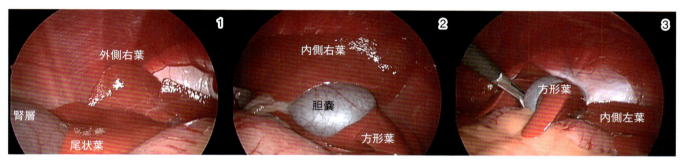

図10　肝臓の観察

◆実際の手技
● 腹腔鏡下生検

　腹腔鏡下生検では麻酔導入後まず左横臥位に動物を保定する。その後トロッカーを気腹後にドーム状に膨らんだ腹部の頂点になりそうな位置に挿入する。最初に入れたトロッカーからカメラスコープを挿入し、そのやや頭側にもう1本のトロッカーを挿入する。このトロッカーから腹腔鏡の鉗子を挿入する（図8）。操作にもう1つトロッカーが必要であれば、最初のトロッカーの右外側に設置する。

　トロッカー設置後、カメラを挿入し、十二指腸を腹側（左側）に動かすことで門脈本管と後大静脈を観察する。そして後天性の門脈体循環シャントがないか確認する（図9）。その後、肝臓の尾状葉、外側右葉、内側右葉を観察する（図10）。観察後、生検鉗子を用いて生検する。

　生検鉗子を用いた生検の手順は以下の通りである。

❶生検したい肝葉の肝実質に生検鉗子を刺し込み、できるかぎり大きく挟む。なお鉗子を差し込む際は左右に揺らすように刺すと肝実質に挿入しやすい。
❷肝実質を鉗子で挟んだあと、30〜60秒程度挟んだままにする。このことにより出血量が減る。
❸やさしく鉗子を牽引するか、鉗子をその場で回転させて肝臓の組織を捻じ切るようにして採取する。
❹出血が止まるか確認する。

　右葉系の採材が終わったあとに、症例を仰臥位に体位変更する。体位を変更することで今度は方形葉、内側左葉、外側左葉（図10-3参照）の観察と採材が可能となる。右と同様に採材し、定法通り、腹壁および皮膚を閉鎖する。

　腹腔鏡手術での合併症としては、少数であるが、開腹手術への移行が報告されている[10、11]。また術前から貧血があった症例であるとされているが輸血が必要となった例の報告もある[10]。

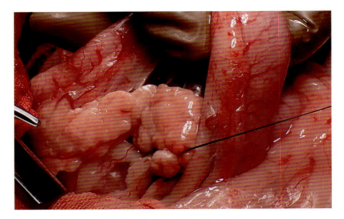

図11 開腹下膵生検を行っているところ

● 開腹下生検

麻酔導入後、仰臥位で保定して、剣状突起から臍部尾側まで切開する。腹腔鏡と同じく、十二指腸を左に動かし、門脈本管と後大静脈の部分を確認し、後天性門脈対循環シャントがないか確認する。その後肝生検を実施する。肝生検はギロチン法ないし、腹腔鏡用の生検鉗子を用いる方法、超音波凝固切開装置を用いた生検のいずれかの方法で行う。今回はギロチン法の手順を紹介する。

❶ まず吸収糸で輪（ループ）を作成する。
❷ 作成した輪の中に肝臓をいれて、糸を締め込んでいく。締め込む際に糸が滑って肝臓の組織が小さくなってしまうので、輪の中に生検したい大きさよりも大きめに肝臓を入れるか、滑るのを防止するために先に肝臓に小さく切れ目を入れて締め込む。
❸ 糸で縛った肝臓の遠位側をメッツェンバウム剪刀で切開して採材する。
❹ 最低2ヵ所生検して、止血を確認する。
❺ 定法通りに閉腹する。

■ まとめ

肝生検を行い、しっかりと診断することはその後の症例の予後に大きくかかわる。肝臓はなんとなく手を出しにくい臓器かもしれないが、止血に気をつければ、肝生検は手技的には難しくない。また腹腔鏡下肝生検は1cmの傷口3ヵ所程度で実施でき、侵襲性も小さい。肝疾患が進行する前に早期に疾患が診断できることのメリットは大きいので必要な際は積極的に実施する価値があると考えている。

3 膵生検

■ 膵生検の適応

膵疾患の確定診断のゴールドスタンダードは膵生検とされる。成書では急性、慢性膵炎、また膵臓に局所性の病変（腫瘤や囊胞など）の診断が適応であるとされる。しかし、現実的には急性膵炎の診断は血液検査、超音波検査で行われることが多いと考えられ、筆者は難治性の膵炎や膵臓に局所性の病変がある場合、また他の手術をした際に膵臓に病変が認められた場合に行うことが多い。

■ 膵生検の方法

膵臓も肝臓と同じく、針生検も行うことができる。しかし、診断率は犬で73.5％[12]、猫で67％[13]とされている。一般的に膵外分泌腫瘍の診断では有効であるとされるが、膵内分泌腫瘍、たとえばインスリノーマなどはそもそも病変が小さく生検ができないということもある。

◆ 腹腔鏡下生検、開腹下生検

腹腔鏡下膵生検は、肝臓の生検と同じ生検鉗子を使用して行う。生検箇所としては右葉の膵管から離れた辺縁が生検しやすい。生検鉗子で行う場合は肝臓の際と同様に生検鉗子で挟んだあとに、30秒程度待ってから牽引するか、鉗子を回転させて捻じ切るように採取している。

開腹下膵生検はギロチン法で行うことが多く、同じく右葉の辺縁を行うことが多い（図11）。ただし、病変が認められればその部位を生検する。また膵臓を部分切除して生検をすることも可能である。この際にベッ

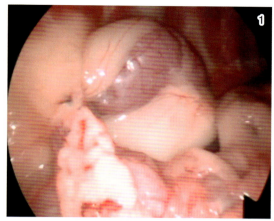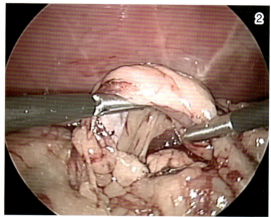

図12　膵生検の肉眼所見
1：癒着
2：出血

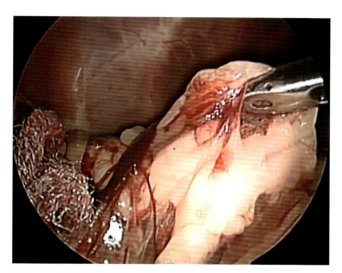

図13　脂肪を生検しているところ

セルシーリングシステムで生検するほうが、ギロチン法よりも膵炎が生じにくいという報告もある[14]。この際はある程度生検部を広くとらないと、生検して採材した組織に熱損傷が生じる可能性があるので注意する。

■ 膵生検におけるポイント

膵生検におけるポイントとしては、肉眼所見（癒着、滲出液、出血）が重要である（図12）。実際に、膵生検の結果と臨床症状が合わないこともある。膵右葉を生検した結果と臨床症状が合わない理由は膵臓の炎症が膵臓全体にびまん性に分布するのではなく、局所的に発生する傾向があるためであるといわれている。文献において肉眼初見の重要性は犬の急性膵炎モデルの実験において示されており、膵右葉生検の病理結果と肉眼所見（癒着、滲出液の有無、出血の有無）を剖検後の膵臓全体の病理検査と比較すると、肉眼所見のほうが膵炎の発生と相関が認められ、右葉の生検結果のみは膵炎の発生と相関が認められなかったとされている[15]。また猫では、膵臓周囲の脂肪壊死と膵腺房壊死は予後不良にかかわるとされている[16]。そのため、肉眼初見とともに、もう1つ重要な膵生検のポイントとしては、膵臓とともに周囲の脂肪を生検するという点が挙げられる（図13）。よって、筆者は膵臓と膵臓周囲の脂肪も生検している。

■ まとめ

膵生検が行われるケースは少ないが、膵生検を行う際には肉眼所見も非常に重要であり、膵臓自体と脂肪も同時に生検することが重要だと思われる。

■ おわりに

　生検のなかでも消化管の生検は内視鏡が必要であり、なかなか手を出しにくいという印象をおもちの先生もいると思われる。しかし、内視鏡だけでは診断できない場合もあり、全層生検もかなり有効な手段であると考えている。また、肝臓に関しても膵臓に関しても正しい診断は治療方針を立てるうえで非常に重要である。対症療法を実施しても改善しない場合や治療に苦慮する場合には一度生検という手段を考えていただきたい。本稿が先生方の今後の診療に役立てば幸いである。

参考文献

[1] Freiche V, Cordonnier N, Paulin MV, Huet H, Turba ME, Macintyre E, Malamut G, Cerf-Bensussan N, Molina TJ, Hermine O, Bruneau J, Couronné L. Feline low-grade intestinal T cell lymphoma: a unique natural model of human indolent T cell lymphoproliferative disorder of the gastrointestinal tract. Lab Invest. 2021 Jun; 101(6): 794-804.

[2] Moore PF, Rodriguez-Bertos A, Kass PH. Feline gastrointestinal lymphoma: mucosal architecture, immunophenotype, and molecular clonality. Vet Pathol. 2012 Jul; 49(4): 658-668.

[3] Smith AL, Wilson AP, Hardie RJ, Krick EL, Schmiedt CW. Perioperative complications after full-thickness gastrointestinal surgery in cats with alimentary lymphoma. Vet Surg. 2011 Oct; 40(7): 849-852.

[4] Ralphs SC, Jessen CR, Lipowitz AJ et.al. 2003, Risk factors for leakage following intestinal anastomosis in dogs and cats: 115 cases (1991-2000). J Am Vet Med Assoc. 2003 Jul 1; 223(1): 73-77.

[5] Weisman DL, Smeak DD, Birchard SJ, Zweigart SL. Comparison of a continuous suture pattern with a simple interrupted pattern for enteric closure in dogs and cats: 83 cases (1991-1997). J Am Vet Med Assoc. 1999 May 15; 214(10): 1507-1510.

[6] Shales CJ, Warren J, Anderson DM, Baines SJ, White RAS. Complications following full-thickness small intestinal biopsy in 66 dogs: a retrospective study. J Small Anim Pract. 2005 Jul; 46(7): 317-321.

[7] Kemp SD, Zimmerman KL, Panciera DL, Monroe WE, Leib MS. Histopathologic variation between liver lobes in dogs. J Vet Intern Med. 2015 Jan; 29(1): 58-62.

[8] Vasanjee SC, Bubenik LJ, Hosgood G, Bauer R. Evaluation of hemorrhage, sample size, and collateral damage for five hepatic biopsy methods in dogs. Vet Surg. 2006 Jan; 35(1): 86-93.

[9] Fernandez N, del-Pozo J, Shaw D, Marques AIC. Comparison of two minimally invasive techniques for liver biopsy collection in dogs. J Small Anim Pract. 2017 Oct; 58(10): 555-561.

[10] Petre SL, McClaran JK, Bergman PJ, et al. Safety and efficacy of laparoscopic hepatic biopsy in dogs: 80 cases (2004-2009). J Am Vet Med Assoc. 2012; 240: 181-185.

[11] McDevitt HL, Mayhew PD, Giuffride MA, et al. Short-term clinical outcome of laparoscopic liver biopsy in dogs: 106 cases (2003-2013). J Am Vet Med Assoc. 2016; 248: 83-90.

[12] Cordner AP, Sharkey LC, Armstrong PJ, McAteer KD. Cytologic findings and diagnostic yield in 92 dogs undergoing fine-needle aspiration of the pancreas. J Vet Diagn Invest. 2015 Mar; 27(2): 236-240.

[13] Crain SK, et al. Safety of ultrasound-guided fine-needle aspiration of the feline pancreas: a case-control study. J Feline Med Surg 2014. Epub ahead of print.

[14] Wouters EGH, Buishand FO, Kik M, Kirpensteijn J. Use of a bipolar vessel-sealing device in resection of canine insulinoma. J Small Anim Pract. 2011 Mar; 52(3): 139-145.

[15] Kim H, Oh Y, Choi J, Kim D, Youn H. Use of laparoscopy for diagnosing experimentally induced acute pancreatitis in dogs. J Vet Sci. 2014 Dec; 15(4): 551-556.

[16] Washabau RJ. Feline acute pancreatitis—important species differences PROCEEDINGS OF ESFM SYMPOSIUM AT BSAVA CONGRESS 2001.

猫の三臓器炎の診断と治療

赤坂動物病院　石田　卓夫

■ はじめに

　Triadとは3つが組になったものを意味し、portal triad 門三つ組（肝臓の門脈域の組織構造）、Fallot's triad（Fallot's trilogy：ファロー三徴症〈心房中隔欠損症と右心室肥大を伴う肺動脈狭窄〉）というように使われている。このtriadに炎症を意味するitisがつなげられたtriaditisとは、医学の領域では3つの徴候が同時にみられることが特徴的な炎症という意味で使われ、日本語では三徴炎と訳されてきた。しかしながら、feline triaditisとは3つの臓器が関係する炎症であり、3つの徴候とは少しちがうという考えから、筆者は、「伴侶動物治療指針 vol. 11」（緑書房）のなかで、「猫の三臓器炎 ～肝臓、膵臓、小腸の炎症性疾患～」なる総説を発表し、猫の三臓器炎という訳語を使用した[1]。

　Feline triaditis（猫の三臓器炎）という概念は1996年に発表されたWeissらの論文で、猫の様々な臓器における炎症性疾患に関連があるのではないかという概念をもとに使いはじめられた新造語で、3つの臓器での炎症を意味する用語である。この論文の題名には、炎症性肝疾患、炎症性腸疾患、膵炎とともに腎炎も含まれていたが、その後、猫の三臓器炎とは肝臓、腸、膵臓における炎症性疾患というように定義されている[2]。そのなかには、炎症性肝疾患をもたない猫と比較して、胆管肝炎（当時はこの病名が使われていた）をもつ猫では炎症性腸疾患（IBD、83％）と膵炎（50％）の有病率が高いと述べられている。さらに、胆管肝炎をもつ猫の39％がIBDと膵炎を有していたとも書かれている。IBDが胆管肝炎と関連する証拠としては、粘膜固有層におけるリンパ球および形質細胞浸潤が特徴的にみられることとされているが、ただし胆管肝炎の猫の40％では好中球浸潤も認められている。この論文の臨床的な意義としては、胆管肝炎が診断された猫においては、IBDと膵炎についても評価すべきというこ

とが挙げられるだろう。そして、それよりも先に、1984年のZawieの論文で、慢性肝疾患をもつ猫では胆嚢炎、十二指腸炎、膵炎の発生に何らかの関連性があるのではないかと述べられていた[3]。しかしその後長い時間が経過しても病理発生についての完全な理解は達成されず、多くが推測の域を出ないものであった。2011年のCallahan Clarkらの論文でも、胆管炎をもつ猫の30％で膵炎とIBDの併発がみられるが、胆管炎をもつ猫でも膵炎やIBDをもたない猫もいるので、これら3臓器の炎症性疾患をおこす単一の病態が様々なタイプの胆管炎、すなわち細菌感染や自己免疫疾患でみられるものかどうかは不明とされている[4]。したがって、胆管炎、膵炎、IBDの併発の病因や素因に関する情報はこの段階ではわからず、さらなる研究が必要とされた。

❶ 猫の三臓器炎の臨床的意義

　炎症性肝疾患、慢性腸症（IBDは現在の認識ではこのなかに含まれる）、慢性膵炎、それぞれの疾患についてはすでによく知られているが、猫の臨床においてはこれらの1つを検出したら、他もあるかもしれない、もしかしたら病理発生も共通かもしれないといったことを考えながら診療にあたる必要がある（）。すなわち主訴あるいはヒストリーから検出されるものとして慢性の消化器徴候があり、さらに身体診察所見から明らかになるものとして黄疸があるが、これらのいずれかがみられた場合、2つあるいは3つの病気が同時にみられる場合があるということは、診断に入る前に頭に入れておかなければならない。三臓器炎が疑われる臨床徴候としては、持続性または再発性の元気消失、食欲消失または増加、慢性嘔吐、慢性的な便の異常、黄疸、体重減少がある。このような三臓器炎を疑う徴

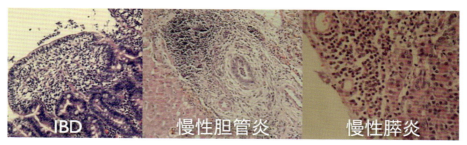

図　IBD、慢性胆管炎、慢性膵炎の病理組織像
どの病態もリンパ球を中心とする慢性炎症性細胞浸潤が特徴である

候がある猫39例と三臓器炎を疑う徴候のない猫39例について前向き研究で生検を実施したものでは、炎症病変がみられたもの47頭（徴候あり27例、無徴候20例）、そのうちIBDと胆管炎が同時にみられたもの16/47例（34.0％）、IBDと膵炎が同時にみられたもの3/47例（6.4％）、三臓器炎がみられたものは徴候のある猫のみであった（8/27例、29.6％）[5]。これらの3臓器における疾患がなぜ猫でおこるかについては想像の域を出ないが、猫の小腸が短いこと、これら3臓器が十二指腸の胆管膵管共通の開口部を中心に交通があるという解剖学的特徴、そして十二指腸内細菌数が犬より多い（10^8/mL）ことが関係するのではないかといわれている[6]。慢性嘔吐が何らかの原因で先におこると、十二指腸液の逆流が胆管、膵管を通しておこるからではないかともいわれている[7]。したがって猫の嘔吐は正しく原因を診断して、速やかに対処することが、三臓器炎を抑制することにつながるのかもしれない。また、IBDで粘膜の透過性亢進がおこると、細菌の門脈への侵入、あるいはエンドトキシンの血管内侵入が容易におこる可能性がある。このように、十二指腸を中心に胆管・肝、そして膵管・膵が連結していることにより、細菌、胆汁、膵液、炎症メディエーターが、小腸、肝、膵の3臓器を自由に行き来することが、三臓器炎が猫でおこりやすい理由と考えられている[8]。しかしながら現在まで、3臓器の異常が共通の病理発生をもつ多臓器の炎症性疾患なのか、そして炎症の病理発生は物理的な問題か、感染性か、自己免疫性かといった疑問は、いまだ解明されていない。

❷ 黄疸からのアプローチ

黄疸が重度であれば肝胆道系疾患がまずもって疑われるが、軽度の黄疸では重度の黄疸がおこる前の変化なのか、それとも軽度の黄疸だけがみられる疾患なのかを考える必要がある。猫の黄疸には肝前性と肝性、肝後性があるが、肝前性は激しい溶血性疾患でおこるもの、すなわちビリルビン（肝臓で処理される前の非抱合型）の産生が高まる状態であるため、CBCを行い血液塗抹標本で赤血球形態を観察することで比較的容易に診断できる。なお、ビリルビンの非抱合型（間接型）、抱合型（直接型）を評価することは、必ずしも鑑別に有用ではないため、現在ではほとんど行われない。非抱合型が増加すれば、その後抱合型も増加するためである。また肝性黄疸は肝リピドーシスのような激しい肝実質疾患でおこるが、肝細胞によるビリルビン抱合ができない状態である。これも激しい肝疾患であれば重度の黄疸となるが、猫では細菌感染や炎症性サイトカインが放出される状態で、ビリルビン抱合が障害され、軽度の黄疸を示すことがある。肝後性は肝外胆管の閉塞によるもので、抱合型ビリルビンが増加する状態である。これは現在では超音波検査で総胆管の拡張、胆嚢の異常などを検出することで容易に診断できる。また、肝細胞よりも後方の異常ではあるが肝内でおこる黄疸の原因として、猫では胆管炎が比較的よくみられる。それらについては肝臓に対するアプローチの項を参照されたい。

❸ 消化器徴候からのアプローチ

消化器徴候としては下痢・軟便、それぞれ大腸性と小腸性があり、またその他の便の異常として便秘、血液を伴う便（鮮血便、黒色便）がある。また、吐いているという主訴があった場合には嘔吐なのか吐出なのかを最初に鑑別する必要がある。消化器徴候を考えるにあたって、この消化器徴候は真の消化器病によるものか、他臓器疾患からの消化器徴候かを鑑別する必要もある。たとえば、急性腎障害、慢性腎臓病による嘔吐、腹腔内腫瘍による嘔吐、副腎皮質機能低下症に

よる血便（猫では稀）、甲状腺機能亢進症による嘔吐なども十分鑑別しなくてはならない。その他の消化器徴候としては、食欲の変化がある。食欲廃絶は全身状態の悪化がみられる様々な病態でみられるが、それほど全身状態が悪くはないが食欲がなくなる猫の病気としては、慢性膵炎がある。また食欲が異常に上がる病気としては甲状腺機能亢進症や糖尿病がある。

4 下痢に対するアプローチ

猫は本来、砂漠に生息していた動物であり、水分を最大限保存しようとするため、かりんとうのように硬い便が正常である。したがって、水様の便以外でも堅さの減少（軟便）、粘液に包まれた便（大腸性下痢）、頻度の増加（多くは大腸性下痢）もすべて下痢として、大腸性と小腸性の鑑別に加え、急性、慢性の区別を行う。急性の小腸性下痢の場合は、さらに生命への脅威となるものか、自然に治る急性の下痢なのかも、他の臨床徴候をもとに評価する。慢性下痢も小腸性、大腸性の鑑別とともに、他臓器疾患の除外もしっかり行う。

下痢の鑑別として最初に考える3つのポイントは、1）急性か慢性か、2）小腸性か大腸性か、3）原発性か続発性かである。急性下痢は数日から2週間までの経過のもので、通常は自然に治るものが多く、後に述べる生命への脅威とならないものは、外来で対症療法を行えばよい。もちろん慢性疾患の初期の場合もあるので、その場合は対症療法に反応せずに下痢は持続する。慢性下痢は2週間以上経過したもので、入院で各種診断を行うことも、あるいは特定の疾患をすべて除外したうえで経験的治療に入ることもある。

小腸性か大腸性かの鑑別には、ヒストリー（問診を含む）、身体診察所見がまず重要である。下痢の頻度は、原則として大腸性は4～6回かそれ以上/日、小腸性は1～2回/日が普通である。ただし小腸性でも稀に回数が2回より多くなることはあるので、この所見は絶対的なものではない。1回の下痢の量は大腸性は少量で、小腸性が大量である。新鮮血が付着している場合や、赤色の下痢便がみられる場合は大腸性の特徴で、逆に黒色便、タール便は小腸性の特徴である。また、粘液に包まれた便は大腸性下痢である。体重減少はほとんどの場合、慢性の小腸性下痢の特徴である。テネスムスは、肛門に圧がかかり勢いよく飛び出す状態で、これは大腸性下痢の特徴である。テネスムスの場合、猫ではトイレに駆け込むむ直前でもらすことがある。

これらの所見をもとに、下痢のカテゴリー分けを行う。急性小腸性下痢（全身徴候なし/全身徴候あり）、急性大腸性下痢、慢性小腸性下痢、慢性大腸性下痢に分けると、それぞれ鑑別診断リストが得られる（**表1**）。下痢に全身徴候を伴うかどうかは、ヒストリーと身体診察をもとに決定するが、元気消失、虚脱、食欲廃絶、腹痛、嘔吐、重度脱水、発熱などが重要な所見である。

慢性下痢の鑑別に必要な情報はヒストリー、身体診察所見、糞便浮遊法（原虫検査）3回、CBC、尿検査、血液化学検査、TLI（トリプシン様免疫活性）検査、感染症PCR検査、細菌培養、X線検査（単純、造影）、超音波検査、内視鏡検査、生検（病理診断）であるが、最初からすべてを行うわけではない。あるところまで絞り込んで経験的治療に入ることも許されるので、小腸性下痢の全身症状が激しくない症例では、糞便検査、スクリーニング検査で除外可能な疾患はまず除外する。寄生虫、原虫、肝疾患、甲状腺機能亢進症、場合によっては猫のTLI検査で膵外分泌不全も除外し、また腸内の感染症については消化器パネルPCR検査で除外する。そして残るものは慢性腸症すなわち食事反応性腸症（FRE）、抗菌薬反応性腸症（ARE）、IBDと考え、食事反応性、抗生物質反応性の疾患について検討する。食事療法としては新奇蛋白または低分子量ペプチドによるトライアルを行い、抗生物質としてはメトロニダゾールその他で2週間以内の治療トライアルを行う。それで完全な反応がみられないならば、IBDを想定して食事、プロバイオティクス、ステロイドなどにより反応をみることも可能である。猫ではIBD、とくに三臓器炎に関連したものとしては慢性小腸性下痢がほとんどであるが、慢性大腸性下痢では、食事トライアルに高繊維食を使用することもある。

生検病理診断を行う場合は、内視鏡生検では十二指腸程度までの評価になるので、許されれば全層生検が望ましい。内視鏡生検の場合は絨毛の長軸に沿った切片作製が重要である。病理診断はIBD診断の助けにはなるが、最終の診断は臨床医が所見を総合して行う。すなわち、病理診断所見としては、絨毛の短縮・融合、粘膜固有層における中等度から重度の炎症性細胞浸潤がIBDに合致する所見ではあるが、感染症の除外、他臓器疾患の除外など、臨床医による作業が重要なウェイトを占める。院内検査キットなどで、猫白血病ウイルス（FeLV）ならびに猫免疫不全ウイルス（FIV）感染を除外する。そして、消化器パネルの病原体PCR検査（アイデックスラボラトリーズ）を行う。この検査

表1　下痢のカテゴリー分けと鑑別診断リスト

1. 急性小腸性下痢　全身徴候なし
- 食事性
- 寄生虫
- 原虫
- ごみあさり
- 医原性

2. 急性小腸性下痢　全身徴候あり
- 細菌性
  - サルモネラ
  - 大腸菌
  - *Clostridium*
  - *Campylobacter*
- ウイルス性
  - パルボウイルス
  - コロナウイルス

3. 急性大腸性下痢
- 鞭虫症
- 大腸過敏症候群
- 細菌性大腸炎

4. 慢性小腸性下痢
- 食物不耐
- 腸閉塞
- 小腸疾患
  - 慢性腸症（炎症性腸疾患）
  - 腫瘍性
    - リンパ腫
    - 小腸癌
- 膵外分泌不全
  - 慢性膵炎に続発
  - その他特発性
- 肝胆道系疾患
- 甲状腺機能亢進症
- 感染性
  - 生虫性
  - 細菌性
    - *Campylobacter*
    - *E. coli*
    - *Salmonella*
    - *Yersinia*
  - 原虫性
    - *Giardia*
    - *Isospora*
    - *Cryptosporidium*
  - 真菌性
    - *Histoplasma*
  - その他
    - *Prototheca*
    - *Rickettsia*

5. 慢性大腸性下痢
- 鞭虫
- 炎症性大腸疾患
- アレルギー性大腸炎
- 感染性
  - *Campylobacter*
  - *Clostridium*
  - *E. coli*
  - *Salmonella*
  - *Yersinia*
  - *Tritrichomonas foetus*
  - Histoplasmosis
  - Protothecosis
- 大腸ポリープ
- FIP dry-type
- 腫瘍
- 腸重責、盲腸反転
- 異物
- 大腸過敏症候群

では猫コロナウイルス（FCoV）、猫汎白血球減少症ウイルス（FPLV）、クロストリジウムパーフリンゲンスαトキシン（CPA）、クロストリジウムパーフリンゲンスεトキシン（CPE）、ジアルジア（*Giardia* spp.）、クリプトスポリジウム（*Cryptosporidium* spp.）、サルモネラ（*Salmonella* spp.）、トリコモナス（*Tritrichomonas foetus*）、トキソプラズマ（*Toxoplasma gondii*）、カンピロバクタージェジュニ（*Campylobacter jejuni*）、カンピロバクターコリ（*Campylobacter coli*）の検出が可能である。

　IBDの診断が確立されれば治療を開始するが、これまでにランダム化対照試験で評価されている治療法は犬でわずかにある程度で、猫の臨床においてはほとんどが経験的に推奨されている治療法である。新奇蛋白や加水分解蛋白を含む食事療法、あるいは細菌過剰増殖を抑える抗菌薬療法、プロバイオティクスの投与を行う。下痢が激しい症例ではロペラミドや、嘔吐を伴う症例ではマロピタントの使用が有効な場合もある。抗炎症療法としては、プレドニゾロンを5mg/cat PO BIDで2週間使用し、その後SIDでさらに2週間使用し、最終的には4〜10週間でEODに漸減する。難治性の症例では、クロラムブシルを2mg/cat POを4日ごと

に投与することで改善がみられることがある[9]。そのうえで、三臓器炎を意識して、肝臓および膵臓に関しては精査する。

5 吐いている症例へのアプローチ

吐いている症例に対し最初に考えることは、生命への脅威になり得るか、そうではないかである。発熱、メレナ、元気消失、食欲廃絶（48時間以上）、腹部痛（中等度～重度）、吐物に凝固血液（コーヒーの粉様）または鮮血、可視粘膜の色が悪い、腸管の肥厚、腫大、頻回で重度の下痢、重度脱水、頻回の嘔吐その他の全身的徴候を伴う場合、ワクチン接種不完全の子猫は危険ありと考えておく。したがって初期の対症療法も必要であるが、鑑別診断リストに含まれるすべての疾患を診断できる検査をすすめる必要がある。このように生命の危険が考えられる症例では、場合によっては、上部消化管内視鏡検査、上部消化管造影検査、ACTH刺激試験、開腹も必要になる。

余裕があれば嘔吐なのか吐出なのかを鑑別する。吐出は食道の問題であり三臓器炎とは関係がない。通常の鑑別法は、事前に横隔膜が凹まずにすっと努力なしに未消化物を吐くという動作を確認することであるが、必ずしも吐く動作だけで区別はできないこともある。吐出がおこる食道の問題としては、構造的問題として食道内異物（大きめのドライフードの場合もある）、血管輪異常、食道炎、食道狭窄、胸腔内腫瘍、さらに機能的問題として先天性および後天性の巨大食道症、重症筋無力症、逆流性食道炎に続発するもの、多発性筋炎、鉛中毒がある。こちらは画像診断が重要で、治療としても外科的なものが多い。

嘔吐は胃または小腸からおこり、事前に横隔膜が凹む動作、苦しそうな動作がみられる。吐物は未消化物または消化物であるが、pHは低い。嘔吐症例については、時間的余裕があるならば、診断のための情報を集める。まず患者情報からは、若い動物であれば異物、何かを捕まえて食べたなどの単純な原因が多い。老齢動物に多いものは、全身の病気や慢性の病気である。寄生虫駆除の有無、投薬歴、他の疾患の既往歴は当然きいておかなければならない。環境については、異物誤飲の可能性、植物が多い環境かどうか、人間の薬を食べる可能性、環境中に毒物はないか、何かを捕まえていた可能性、同居動物は吐いているかなどをきく。食事については、いつもの食事を食べていたか、食事を変えてからが重要な情報になる。特定の食事で増悪するならば、食物不耐性またはアレルギーが疑われ、食事と無関係であれば全身性疾患、代謝性疾患が疑われる。食べた直後の嘔吐は一気に食べ過ぎの可能性があり（吐出の場合も多い）、8時間以上あとで吐くならば幽門部の問題、胃の動きの問題が考えられる。食事を制限しても多量に水様物を吐き続ける場合には幽門狭窄、上部消化管閉塞を考える。間欠性嘔吐の場合は、膵炎、IBD、胆管炎といった三臓器炎の疑いが強まる。

吐いたものの性状をよくきき、血液があれば粘膜の損傷、潰瘍、腫瘍など重大な疾患が疑われ、胆汁が混じっていれば十二指腸からの嘔吐と考えられ、幽門閉塞は除外される。毛玉を吐く場合は消化管の動きの問題でIBDも鑑別には含まれる。あるいは過剰なグルーミングが原因の場合もある。便臭がする場合は下部の閉塞や細菌異常増殖が考えられる。行動の変化や併発症状としては、流涎や舐める動作があるのは悪心を意味し、食欲不振は激しい嘔吐を意味する。運動性が高い老猫では甲状腺機能亢進症を疑う。下痢や体重減少がある場合には他の消化器疾患が合併している。食事反応性腸症、IBD、寄生虫病（回虫、ジアルジア）、多尿がある場合は甲状腺機能亢進症を含む様々な臓器の疾患が疑われる。身体診察でとくに探すことは、最初に口腔内の舌下にからまった糸である。紐状異物で腸が引きつり、全身状態は悪くないが激しい嘔吐がみられることがある。歯が悪い猫では咬まないで食べて吐いている可能性も考えられる。その他、身体診察の段階で甲状腺機能亢進症を疑う所見はないか、慢性腎臓病を疑う所見はないか、腹腔内腫瘤、リンパ腫などを疑う所見はないか、黄疸はないか、腹部触診をいやがることはないか（膵炎の可能性）をみる。

嘔吐以外の症状がなく、1日2回以内の少ない頻度で吐いていて、しかも持続期間が短い（3日以内）ものでは、詳細なヒストリー聴取、身体診察、脱水の評価のあとに対症療法を行えばよい。自然に治る急性嘔吐の鑑別診断は、急性胃炎、急性小腸炎、食事に関連するもの、薬物に関連するもの、異物、寄生虫である。検査は最小限で、CBC（PCVとTPは必須）と糞便検査浮遊法（硫酸亜鉛推奨）を行う。脱水があれば補正し、24時間の食止め後、徐々に食事を再開すればよい。抗菌薬は普通は使わない。抗菌薬の使用は、発熱がある、CBC上で全身性感染を示唆する変化がある、血液を吐いている、血便があるといった重篤な症例で考

表2　慢性嘔吐の鑑別診断リスト

1. 消化器系、腹部臓器
反射性
- 胃炎
- 胃腫瘍（猫ではリンパ腫）
- 腹腔内腫瘍
- 十二指腸潰瘍
- 腸炎
- 肝炎
- 膵炎
- 腎炎
- 腹膜炎
- 咽頭炎、扁桃炎
- 子宮筋層炎

閉塞性
- 胃幽門部閉塞
- 異物
- 小腸閉塞

2. 全身性疾患
- 感染症
- うっ血性心不全
- 胃以外の悪性腫瘍
- 体液電解質異常閉塞性

3. 内分泌疾患
- 副腎皮質機能低下症
- 糖尿病
- 妊娠、子宮蓄膿症

4. 神経疾患

5. 薬物性

6. 心理性

慮すればよい。また制吐薬の使用は、嘔吐が頻回、重度の嘔吐で非常につらそうである、嘔吐の持続が誤嚥性肺炎や電解質異常のリスクにつながる可能性がある、胃腸の閉塞ではない、毒物・中毒ではないという症例で考慮する。

様々な非特異的症状を伴った症例では、対症療法とともに診断をすすめる必要がある。すなわち、消化器疾患なのか全身性疾患なのか、他臓器の疾患なのかを鑑別する。このような症例の嘔吐は慢性化するものであり、獣医学では2～3日を超える嘔吐が慢性嘔吐とされる（表2）。

鑑別の順序は、最初にスクリーニング検査で除外できるものを評価する。CBC、血液化学検査、尿検査で最初に除外できるものは、反射性の嘔吐の原因となる肝臓、腎臓、膵臓の異常ならびに腹膜炎である。また、全身性疾患の感染症、体液電解質異常、内分泌疾患の副腎皮質機能低下症、糖尿病がある。また甲状腺機能亢進症でも異常な食欲により嘔吐が続いてみられることもあるが、これはヒストリーと身体診察所見などから容易に想像はつくものと思われる。また、反射性嘔吐のうち胃腫瘍、腹腔内腫瘍（猫ではリンパ腫が多い）、胃幽門部閉塞、異物小腸閉塞については、X線、超音波検査で評価する。なお、小腸下部閉塞による嘔吐は、吹き出すような便臭のする液体の嘔吐が特徴であるため、ヒストリーの評価も重要な決め手となる。

スクリーニング検査による除外の作業が終わったら、次に感染症関連を考える。初年度のワクチン接種が完全であれば、汎白血球減少症ウイルスは除外可能であろう。さらに院内検査で、FeLVならびにFIV感染を除外し、次に消化器パネルの病原体PCR検査を行い、治療可能なものが検出された場合には治療を行い、これらが陰性であればIBDの可能性が残る。ただし、最近では新種のウイルスがみつかっていて、それらに対する検査がないばかりか、臨床的意義も治療法もわかっていない。嘔吐、下痢をおこす新しいウイルスとしては、伝染性が強いパルボウイルス群のBocavirusと新しいサブファミリーのChaphamaparvovirus（以前はChapparvovirusとよばれていた）である[10]。さらに別の新しいパルボウイルスであるfeline bufavirus（FBuV、Protoparvovirus）も下痢便、あるいは呼吸器系から分離されている[11, 12]。しかしながら、パルボウイルスの感染は伝染性ではあるものの急性の消化器疾患が主体であり、慢性化することは稀ではないかと思われる。

PCRで慢性嘔吐をおこす感染症が除外されて、FeLV、FIVともに陰性で、しかも寄生虫のいない地域では、IBDが原因として非常に多い。次にすすむ検査としては生検病理診断での炎症の検出であるが、この時点で下痢の症例同様に対症療法を試みることも可能である。

6 肝疾患に対するアプローチ

CBC、血液化学スクリーニングを総合的に評価して、ALTの上昇、ALPの上昇、あるいはGGTの上昇

があれば肝疾患を疑うことが可能で、さらに黄疸所見やT-Bilの上昇があれば、これも肝疾患を疑う材料になる。黄疸に対するアプローチは先述の通りで、ここでは肝酵素の上昇がみられた場合の対応を説明する。猫の肝疾患としては様々なものが知られており、肝膿瘍、細菌感染を伴う胆泥症、胆管炎、胆管嚢胞、肝リピドーシス、肝細胞癌、肝リンパ腫、肝外胆管閉塞、門脈体循環シャント、反応性肝障害（他の臓器系の異常に関連した肝酵素の上昇）などがある[13]。経験的には、日本在住の猫ではアメリカでの調査と比較すると、肝リピドーシスよりも胆管炎のほうが多く診断されているようである。まずもって太った猫がアメリカよりも少ないことが挙げられるが、肝リピドーシスの原因として提唱されているカルニチン欠乏[14]が、日本在住の猫ではおこりにくいのかどうかは不明である。ここであえて日本猫とせず日本在住の猫とした理由は、純粋の日本在来種は戦後少なくなり、遺伝子調査では欧米の猫がかなり多く持ち込まれているようで、すなわち遺伝的背景のちがいよりも、食事を含む生活環境などのちがいの可能性もある。スクリーニング検査で肝疾患が疑われた場合には、血液化学スクリーニング検査項目のなかの肝不全を評価するAlb、T-Cho、BUN、Gluを評価し、さらに外注検査などで食前食後の総胆汁酸を測定し、本当に肝疾患が存在するのかどうかを判定する。それで疑いが強まれば、肝臓に対する画像診断、細胞診、生検などを行い、診断を詰めていく。

肝リピドーシスは、ALT、ALP、T-Bilの高値があり、超音波検査で肝臓のびまん性高エコーがみられた場合に強く疑い、肝実質のFNAによる細胞診で容易に診断できる。単に肝細胞の脂肪変性が軽度にみられるだけではなく、ほとんどの細胞が核が圧迫されるほどの脂肪空胞をもっている所見が重要である。肝リピドーシスの治療は、入院させて嘔吐があれば制吐薬を使用し、低脂肪の食事を積極的に供給しながら、輸液療法を行う。

胆管炎の診断は画像診断や細胞診では完全に行えないため、本来なら生検と病理診断を行うものであるが、黄疸とALT、GGTの上昇があり、画像診断で肝外胆管の閉塞や胆嚢の異常が除外され、さらにFNA細胞診で肝リピドーシスも肝リンパ腫も否定できれば、胆管炎が疑いとして残る。その場合、発熱、黄疸、末梢血で好中球増加症や左方移動、中毒性変化がみられ、さらに肝臓FNA材料中に血液中の数を超えるような好中球が認められれば、急性胆管炎（化膿性胆管炎）が強く疑われる。また、発熱や好中球の異常はなく、肝臓FNA材料中に血液中の数を超えるようなリンパ球の増加が顕著であれば、慢性胆管炎（リンパ球性胆管炎）が強く示唆される。

化膿性胆管肝炎と診断されたら、胆管を上行する腸内細菌の感染症と考えられるため、通常はメトロニダゾールとアンピシリンの2種類の抗菌薬を使用して、2〜3ヵ月間の治療を継続する必要がある。このような急性期の疾患であってもときにはプレドニゾロンを5mg/cat PO BID〜SIDで追加投与することで、良好な結果を得ることができる。また10〜15mg/kg/日のウルソデオキシコール酸を追加することもある。さらにS-アデノシルメチオニン（SAMe）の投与も有用である。慢性胆管肝炎は、慢性細菌感染と胆管上皮の自己免疫性破壊の両方が病態として示唆されている[15]。病理組織学的に診断が確定されれば、長期のコルチコステロイドと抗菌薬による治療が正当化される。急性の病態と同じ抗生物質を2〜6週間使用し、プレドニゾロンを最初は1〜2mg/kg PO BIDで投与し、徐々に減量する。一部の重症例では、数週間はプレドニゾロンを4〜6mg/kgの高用量で投与し、3ヵ月後に1〜3mg/kg EODの最終投与量まで漸減させる。ウルソデオキシコール酸も有用である[16]。

7 膵炎に対するアプローチ

急性腹症を示す急性壊死性膵炎は猫では稀であり、しかも犬と比べて臨床徴候も異なる。すなわち、嘔吐の鑑別診断から急性膵炎に到達する例はきわめて稀で、しかも実際の急性膵炎の症例で嘔吐は半数の猫にしか認められない。スクリーニング検査だけをみて膵炎を疑うことはほぼ不可能である。すなわち、CBCの白血球系に異常がみられることは少なく、さらに血液化学スクリーニング検査のアミラーゼとリパーゼは猫では診断的価値はないため、検査には通常含まれていない。唯一信頼できる診断パラメータはアイデックスラボラトリーズのSpec-fPLIである。嘔吐を伴う重症例では、短期間のNPO（経口的な食事飲水中止）を行い、制吐薬（マロピタント、オンダンセトロン、またはクロルプロマジン）およびH$_2$ブロッカー（ファモチジン0.5〜1mg/kg）を使用する。発熱があって、消化管からの細菌感染が疑われる場合には、予防的に広域スペクトルの抗生物質（アモキシシリンとエンロ

フロキサシン併用など）を使用することがある。あるいは壊死組織に細菌が移動するのを防止する意味で、セフォタキシム（50mg/kg TID）を使用することもある。鎮痛にはブプレノルフィン（0.005〜0.01mg/kg SC q6〜12h）またはオキシモルフォン（0.05〜0.1mg/kg cats IM、SC q1〜3h）などのオピオイド注射薬を使用する。膵液を十二指腸へ流す意味で、できるだけ早く食事は開始すべきである[8]。

では、猫の膵炎は少ないかというとそうでもなく、実際はかなり多くみられるのだが、猫の膵炎の約90％は慢性膵炎であり、病理組織学的にも間質でのリンパ球浸潤が特徴的にみられる。脱水を示し、食欲不振または廃絶、元気消失のような非特異的徴候がみられた場合には、慢性膵炎は鑑別診断の上位に入るため、他疾患を鑑別するとともに、膵炎検出のためのSpec-fPLI検査を行う必要がある。血液化学スクリーニング検査では唯一、低Ca血症が多くの症例でみられる。嘔吐がみられるものは少ないが、必要に応じて制吐薬の投与と水和を行う。プレドニゾロンの投与は有効で、当初は2mg/kg PO BIDで投与し、6〜8週間後にはSIDまたはEODに減量し、ほとんどの症例で良好な結果が得られる。食欲不振に対しては、積極的に栄養管理を行うのがよい。

■ おわりに

高齢の猫の食欲不振の原因として慢性膵炎は常に考えておく必要がある。しかしなら、三臓器炎のみならず慢性腎臓病が進行していて、嘔吐や下痢がみられることもある。さらに慢性の消化器徴候の原因がIBDではなく、消化器の高分化型リンパ腫である場合もしばしば経験されるので、診断を確定しないままプレドニゾロンによる治療を続けることもすすめられない。そして、病気は1つだけとはかぎらない。三臓器炎にかぎらず、慢性腎臓病、心疾患、甲状腺疾患、膵内分泌疾患、そして腫瘍性疾患などを総合的に診断できる体制で臨む必要がある。

参考文献

[1] 石田卓夫. 猫の三臓器炎 〜肝臓、膵臓、小腸の炎症性疾患〜, 伴侶動物治療指針 vol. 11, 2000; 150-155, 緑書房.

[2] Weiss DJ, Gagne JM, Armstrong PJ. Relationship between inflammatory hepatic disease and inflammatory bowel disease, pancreatitis, and nephritis in cats. J Am Vet Med Assoc. 1996; 209: 1114-1116.

[3] Zawie DA, Garvey MC. Feline hepatic disease. Vet Clin North Am. 1984; 2: 1201-1230.

[4] Callahan Clark JE, Haddad JL, Brown DC, et al. Feline cholangitis: a necropsy study of 44 cats (1986-2008). J Feline Med Surg. 2011; 13: 570-576.

[5] Fragkou FC, Adamama-Moraitou KK, Poutahidis T, et al. Prevalence and clinicopathological features of triaditis in a prospective case series of symptomatic and asymptomatic cats. J Vet Intern Med. 2016; 30: 1031-1045.

[6] Černá P, Kilpatrick S, Gunn-Moore DA. Feline comorbidities: What do we really know about feline triaditis? J Feline Med Surg. 2020; 22: 1047-1067.

[7] Akol KG, Washabau RJ, Saunders HM, et al. Acute pancreatitis in cats with hepatic lipidosis. J Vet Intern Med. 1993; 7: 205-209.

[8] Hill R, Van Winkle T. Acute necrotizing pancreatitis and acute suppurative pancreatitis in the cat. A retrospective study of 40 cases (1976-1989). J Vet Intern Med. 1993; 7: 25-33.

[9] Trepanier L. Idiopathic inflammatory bowel disease in cats. Rational treatment selection. J Feline Med Surg. 2009; 11: 32-38.

[10] Li Y, Gordon E, Idle A, et al. Virome of a feline outbreak of diarrhea and vomiting Includes Bocaviruses and a novel Chapparvovirus. Viruses. 2020; 12: 506.

[11] Diakoudi G, Lanave G, Capozza P, et al. Identification of a novel parvovirus in domestic cats. Vet Microbiol. 2019; 228: 246-251.

[12] Shao R, Ye C, Zhang Y, et al. Novel parvovirus in cats, China. Virus Research. 2021; 304: 198529.

[13] Cullen JM. Summary of the World Small Animal Veterinary Association standardization committee guide to classification of liver disease in dogs and cats. Vet Clin North Am Small Anim Pract. 2009; 39: 395-418.

[14] Center SA, Harte J, Watrous D, et al. The clinical and metabolic effects of rapid weight loss in obese pet cats and the influence of supplemental oral L-carnitine. J Vet Intern Med. 2000; 14: 598-608.

[15] Warren A, Center S, McDonough S, et al. Histopathologic features, immunophenotyping, clonality, and eubacterial fluorescence in situ hybridization in cats with lymphocytic cholangitis/cholangiohepatitis. Vet Pathol. 2011; 48: 627-641.

[16] Weiss DJ, Armstrong PJ, Gagne JM. Feline cholangiohepatitis. In: Bonagura JD (ed). Kirk's Current Veterinary Therapy XIII. W.B Saunders, Philadelphia, 2000; pp672-674.

胃と腸管を うまく吻合する方法

日本大学 生物資源科学部 獣医外科学研究室　浅野　和之

■ はじめに

胃と腸管の吻合を考えた場合、胃と十二指腸、胃と空腸の2つが考えられる。術式としては、以下に挙げた術式の他、様々な術式がある。

- ビルロートⅠ法（胃十二指腸吻合術）
- ビルロートⅡ法（胃空腸吻合術）
- ルーワイ法（Roux-en Y法）
- アンカットルーワイ法（Uncut Roux-en Y法）
- 空腸間置法
- 空腸ポーチ間置法
- 空腸ポーチルーワイ法
- ダブルトラクト法

このように縫合方法には様々な種類があるが、筆者としては単純な結節縫合や連続縫合である並置縫合とギャンビー縫合の2つが代表的に実施されている。

本稿では吻合の際に注意するポイントをまとめたのち、筆者が行っている胃と腸管の吻合方法を紹介する。

❶ 吻合をうまく行うコツ

残念ながら胃と腸管を合併症なしで完全にうまく吻合する方法は存在しない。ある一定の割合で合併症は出てしまう危険性があるので、合併症を減らす努力をすることが重要である。筆者は合併症を減らすために以下の事項に注意しながら手術を行っている。

- 基本は並置縫合
- 吻合径は大きめ
- 連続縫合もOKだが、2本以上の縫合糸を使用
- 縫合糸の選択
- 全身状態をできるかぎり改善

■ 縫合方法と吻合径

基本的な縫合法は並置縫合である。ただし、連続縫合を行ってもよい。その場合、2本以上の縫合糸を使用する。1本で結ぶと巾着縫合になってしまう。

なお、吻合径は大きめにする。吻合径は術後に約1/3程度に収縮すると考えられる。したがって吻合径を小さくしすぎると食物が腸管につまってしまう。

■ 縫合糸の選択

吸収性モノフィラメント、非吸収性モノフィラメントを使い分ける。非吸収性糸を使用する場合は、連続縫合ではなく、結節縫合を行う。吸収性モノフィラメントでは、比較的長いあいだ糸を残したい場合はポリジオキサノンあるいはポリグリコネート、動物が健康で組織の癒合が遷延する危険性がない場合はポリグリカプロン25、グリコマー631を使用する。これらよりさらに時間をかけて癒着させたい場合は非吸収性モノフィラメントであるポリプロピレンを使用する。

■ 全身状態の改善

手術時と術後は、動物の全身状態をできるかぎり改善するよう手を尽くす。手術時には輸血、成分輸血、全血輸血を行う。術後も場合によっては高栄養の静脈点滴あるいは経腸チューブや経胃チューブを使用して栄養状態を積極的にサポートしていく。

術前の腹膜炎があるなど患者の状態が悪いと、しっかり縫合しても癒着せず、裂開する危険性が高い。そうした可能性も考えて胃と腸管をつなぐようにすれば、より合併症を減らすことができるであろう。

❷ 並置縫合（図1）

並置縫合では、粘膜を内側に収める配慮がポイン

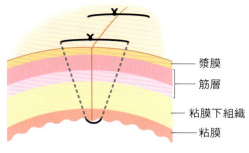

図1　並置縫合

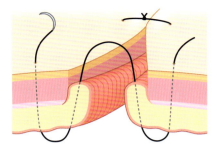

図2　ギャンビー縫合

トになる。胃や腸を切開すると粘膜が反り返ってしまうので、それを押さえるように縫合していくためには、切開部分から少し離れた場所から針を刺入し、内腔では切開線に近いところに針を出し、そして少し遠いところから針を抜く。そして、結紮することによって、粘膜の反り返りが縫合部に入り込み、粘膜が外に出ることなく組織を並置することができる。

❸ ギャンビー縫合（図2）

　ギャンビー縫合の際は、腸間膜側から縫合していく。切断端から2～3mm離れた漿膜面から針を刺入し、粘膜面まで針を出す。そして対側の粘膜下組織の上から刺入し、粘膜から出す。続いて先よりも切断端から遠い粘膜面に針を刺入し、漿膜面から針を出す。縫合糸は長めに残し、支持糸として鉗子で把持する。対腸間膜側も同様に運針し、縫合糸は長めに残して支持糸とする。こうすることで粘膜を内腔に押し戻して並置させることができる。ギャンビー縫合はすべての縫い目で行う必要はない。キーになる部分でギャンビー縫合を行うことで、より並置縫合がうまくいく。

❹ 胃と腸管の吻合の注意点

　胃と腸管を吻合する際に留意すべきことは、支持組織は粘膜下組織であり、筋層、漿膜および粘膜は新組織の支持組織になり得ないという点である。したがって縫合では粘膜下組織を必ず貫通させることが絶対必要である。そのうえで1層の並置縫合もしくはギャンビー縫合で閉鎖する。また、水漏れしないように注意することも重要である。

❺ ビルロートⅠ法（胃十二指腸吻合術）

　ビルロートⅠ法とは胃の幽門部を切除し、胃と十二指腸をつなぐ吻合術である。まず、大弯および小弯にある右胃大網動脈、左胃大網動脈の両端を切って、そこに入る血流を止める。そして支持糸を前壁側にかけ切開線を決めて、そこを切断する（図3-1）。十二指腸より胃のほうが大きいため、胃の切断面を途中まで縫合し、吻合径を十二指腸に合わせて小さくする（図3-2）。そして十二指腸を斜めに切断するとよい。吻合するときは十二指腸を広げて胃とつなぐ。場合によっては十二指腸の体腸間膜側をつなぐようにする。吻合径はある程度の大きさが必要である。先述のとおり、傷が治っていくと、吻合径は1/3程度に収縮する危険性があるため、3cmの吻合径でつないでも1cmになってしまうと考えたほうがよい。したがって、十二指腸を斜めに切開するのは、この口径を広くとるためである。

　縫合には、スウェンソン縫合を用いる。最初に口径をそろえたあとで、前壁と後壁の交点に支持糸をそれぞれかけて結ぶ（図3-3）。そのあと、まず後壁側から縫合していく（図3-4）。つまりオーバーソーイングしていく。これは「嘆きの角」から胃液の漏れがおこりやすく慎重な処置が必要なためである。手前側で糸を入れたあと、胃と十二指腸を裏返し、嘆きの角を越えるようにして連続並置縫合で後壁側を縫っていく。裏返したあと、はじめにかけた支持糸の側から縫合していく。最後の糸は、対側である大弯側の支持糸の断端と結紮する（図3-5）。

　粘膜の突出が激しい場合は連続ギャンビー縫合を行う。前述したようにギャンビー縫合はキーの部分のみとし、それ以外は単純結節縫合を行う。

　後壁の縫合が終わったら、裏返して前壁の縫合を行う。前壁は単純結節縫合ないし単純連続縫合を行う（図

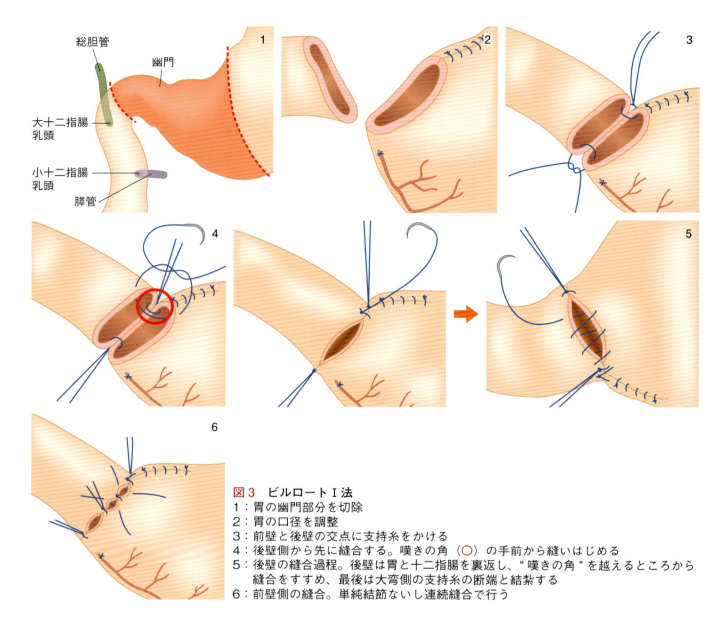

図3 ビルロートⅠ法
1：胃の幽門部分を切除
2：胃の口径を調整
3：前壁と後壁の交点に支持糸をかける
4：後壁側から先に縫合する。嘆きの角（○）の手前から縫いはじめる
5：後壁の縫合過程。後壁は胃と十二指腸を裏返し、"嘆きの角"を越えるところから縫合をすすめ、最後は大弯側の支持糸の断端と結紮する
6：前壁側の縫合。単純結節ないし連続縫合で行う

3-6）。ただし、胃と十二指腸の切開線の長さがあまりにちがう場合は単純結節縫合のほうが調節しやすい。

後壁同様、キーになるところはギャンビー縫合を取り入れる。並置縫合とギャンビー縫合を組み合わせて、層と層がうまい具合に並置するように縫合する（図4）。

■ 順蠕動と逆蠕動（図5）

人の場合、ビルロートⅠ法で胃と空腸を吻合する場合に順蠕動性、逆蠕動性のどちらがよいかの議論があるが、厳密にはその答えは出ていない。しかし、人での合併症の発生率を比較すると、順蠕動性より逆蠕動性にしたほうがよかったといわれている。獣医療では順蠕動性と逆蠕動性のどちらがよいかは不明である。

■ 症例1
フレンチ・ブルドッグ、5歳、避妊雌、胃腺癌

まず、大弯側の右位大網動脈を血管処理し、切除予定部位を分離した。

まず下流側を切断すると組織が収縮し、幽門に塊（腫瘤）があるのが内腔側から確認された（図6-1）。そして胃の吻側を切断し胃と十二指腸をつなげていった。先述のように胃の口径を小さくしすぎると縫合後に収縮してしまうため、十二指腸側の口径を胃にあわせて調整した（図6-2）。十二指腸側を切開し、吻合径を大きくするために体腸間膜底も広げて胃と吻合させた。そして2点で支持糸をかけ、胃と十二指腸を裏返し後壁側（背側）から単純結節縫合を行い、しっかりと粘膜同士を縫合していく（図6-3、図6-4）。そして胃と空腸を裏返し、前壁側の単純結節縫合を行った（図

胃と腸管をうまく吻合する方法

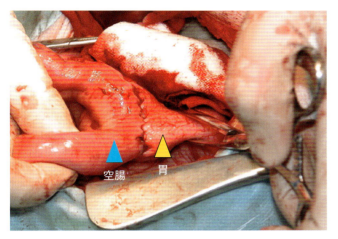

図4 ビルロートⅠ法で縫合した胃と空腸

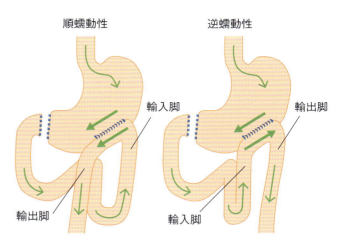

図5 ビルロート法における順蠕動と逆蠕動の吻合位置

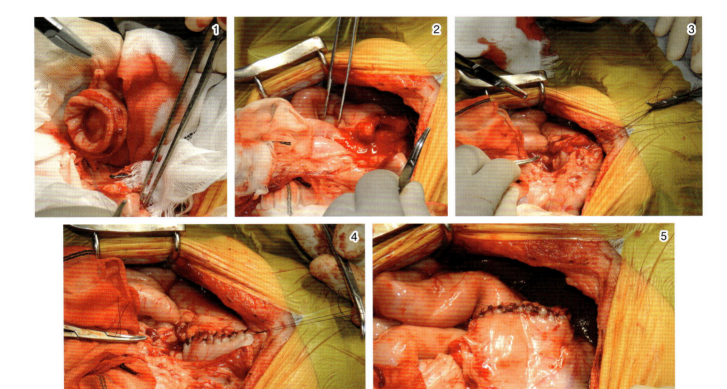

図6 症例1で行ったビルロートⅠ法
1：下流側の十二指腸を切断
2：十二指腸の口径を切開して管径を広げる
3：後壁（背側）から縫合。単純結節縫合をくり返すパラシュート吻合を行う
4：後壁の縫合が終わったところ
5：前壁（腹側）の縫合

6-5）。基本的には縫合はとにかく並置縫合で切断面をきれいにあわせるように心掛けることが大切である。

■ 症例2
フレンチ・ブルドッグ、7歳、避妊雌、胃癌（胃腺癌）

症例2は胃壁が肥厚した重度な胃癌であった（図7）。胃を引っ張って確認すると、腺癌が小弯の表面にもみえていた。血管を処理して胃を反転させると、短胃動脈、左胃動脈、リンパ管、リンパ節などにも腺癌が広がっているのが確認できた。したがって、これらの部

133

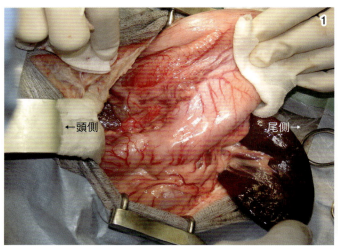
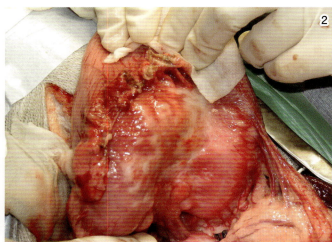

図7 症例2の肉眼所見
1：胃前壁側　2：胃後壁側

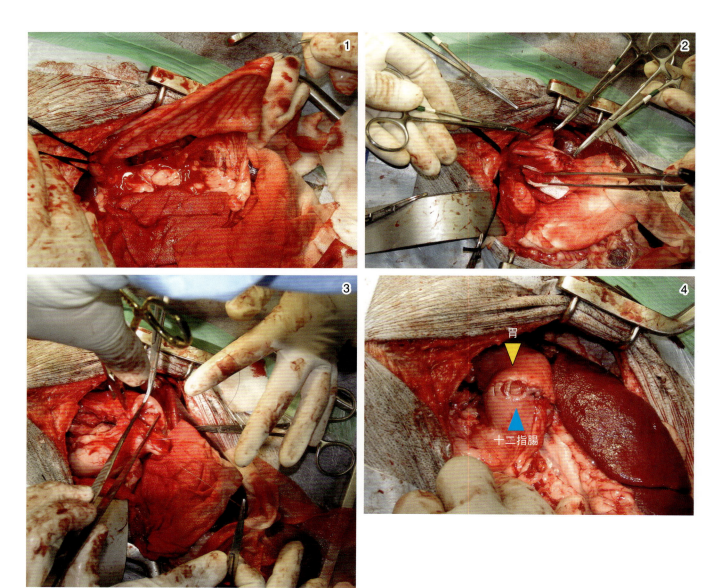

図8 症例2で行ったビルロートⅠ法
1：腺癌を切除後の胃　3：胃チューブと十二指腸を吻合
2：胃チューブを形成　4：吻合後の胃（▼）と十二指腸（▲）。最後に補強の縫合を加えている

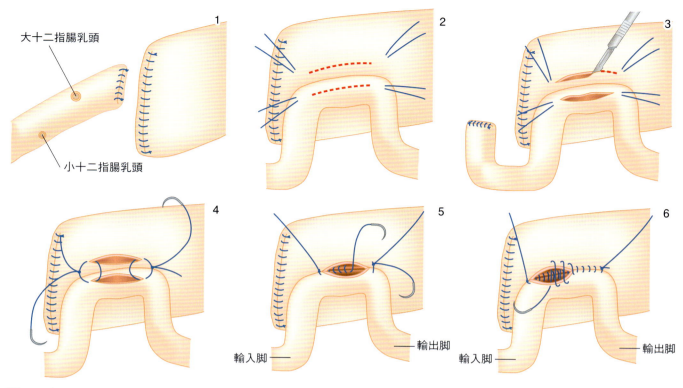

図9　ビルロートⅡ法
1：胃と空腸を盲端にする
2：切開個所の両端に支持糸をかける
3：胃と空腸を切開する。吻合径は2.5〜4cmとする
4：吻合個所の両端の支持糸を結紮する
5：後壁側を縫合する。後壁側は粘膜面から縫合していき、最後は漿膜面に出たところで別の縫合糸の断端と結紮する。裏返して縫合するのは難しいため内腔から縫合することもある
6：前壁側を縫合する。前壁側は漿膜面から縫合していき、最後は漿膜面に出たところで最初の縫合糸の断端と結紮する

分を大きく切除せざるを得なかった。胃につながる血管（左胃大網、右胃大網、左胃動脈、右胃動脈）は、短胃動脈を除いて、すべて処理することとなった。

胃底部と胃体部の一部のみを残し、胃の大部分を切除した（図8-1）。残った部分をチューブのようにして十二指腸につなぎ（図8-2）、先述したように支持糸をかけ単純連続縫合（図8-3）で並置させたあと、補強の吻合をした（図8-4）。ここまで胃が小さくなると、十二指腸とつなぎやすい。この状態でも吻合は可能である。

ビルロートⅡ法（図9）

ビルロートⅡ法とは胃と空腸両方を盲端にして空腸を胃につなぐ術式である。空腸を胃につなぐ場合の吻合口は広めに2.5〜4cm切開する。切開のサイズは動物のサイズによるが、小型犬や猫でも2.5cmは確保するほうがよい。切開後、切開の両端を縫合糸で結ぶ（図9-1〜9-4）。

ビルロートⅡ法でも、まず後壁側（奥側）を縫合する。裏返して縫合するのは難しいので、内腔側から縫合することもよくある。後壁側は粘膜面から縫合していき、最後は漿膜面に出たところで別の縫合糸の断端と結紮する（図9-5）。前壁側は漿膜面から縫合していき、最後は漿膜面に出たところで最初の縫合糸の断端と結紮する（図9-6）。縫合は吸収糸で単純連続縫合を行い、組織を並置させることが重要であるので、ときにはギャンビー縫合等を組み合わせながら縫合していく。

■ 縫合糸の使い分け

縫合糸は動物の状態によって変えており、基本はポリジオキサノンを使用することが多いが、動物が非常に健康で若く早い快復が見込まれる場合は、ポリグリカプロン25、グリコマー631を使用することもある。これらでも十分な高張力を保つことできる。しかし動

表1 ビルロートⅠ法とビルロートⅡ法の主な合併症

嘔吐	・ダンピング症候群 ・胆汁逆流性胃炎（食道炎） ・吻合部周囲の潰瘍 ・吻合部狭窄 ・輸入脚症候群
癒合不全 （腹膜炎）	・血清アルブミン濃度が＜2.5だと危険性が上がる
麻痺性イレウス	
下痢	
膵炎	

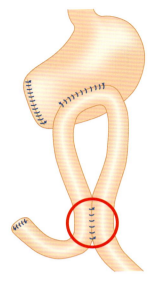

図10 ブラウン吻合
ビルロートⅡ法の合併防止に有効。○の位置に2〜3cmの吻合口を形成して縫合する

物の栄養状態が非常に悪く、たとえば血液中のアルブミンの濃度が1に近いような場合、あるいは重度の副腎皮質機能亢進症に罹患しているような場合は、癒合が遷延すると予想されるため、非吸収糸（ポリプロピレン）を使用することもある。ただし非吸収糸を使う場合は単純連続縫合ではなく非吸収糸の結び目と結び目の間が伸びる単純結節縫合をする。単純連続縫合では非吸収糸の結び目と結び目の間が伸びないので組織が広がらず、狭窄するおそれがあるからである。

7 ビルロートⅠ法とビルロートⅡ法の合併症

ビルロートⅠ法とビルロートⅡ法の主な合併症は表1の通りである。

■嘔吐
◆ダンピング症候群

早期のダンピング症状は、胃に入った食物が十二指腸や空腸に急激に流入することに起因する。高浸透圧性の食物が流入することによって迷走神経反射がおこり食後の嘔吐、下痢、失神、可視粘膜蒼白などの神経症状が認められるようになる。

後期のダンピング症状は、高炭水化物が大量に吸収されることに起因する。高炭水化物がインスリンの過剰分泌を促して低血糖状態に陥り、ふらつき等の神経症状が出る。

人では、術後20〜25％に認められるようであるが、犬では不明である。犬や猫でも発生する可能性はあると思われる。

◆胆汁逆流性胃炎（食道炎）

胆汁逆流性胃炎（食道炎）は胃内にアルカリ性の胆汁が逆流することによって引き起こされ、ビルロートⅠ法よりもビルロートⅡ法で多く発生が認められる。また吻合部潰瘍に起因する場合もある。

◆輸入脚症候群

輸入脚症候群は、ビルロートⅡ法における術後合併症である。十二指腸および空腸の輸入脚が長すぎたりねじれが生じたために物理的閉塞をおこすことが原因である。それによって十二指腸に分泌液がたまって内圧が上昇し、前腹部の不快感、悪心、胆汁性嘔吐が発生する。発生を防ぐためには輸入脚を適当な長さにすることが重要である。

■合併症防止策

合併症の防止策として、ビルロートⅡ法を実施する際にはブラウン吻合を行う（図10）。ブラウン吻合は輸入脚症候群と胆汁逆流性胃炎（食道炎）の防止に非常に効果的である。ただ、犬や猫においては胃からどれくらい離してブラウン吻合をつくればよいかはよくわかっていない。

人では胃の近くにブラウン吻合をつくってしまう

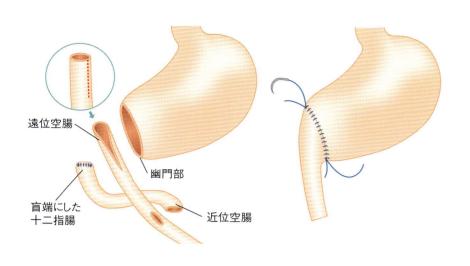

図11　ルーワイ法
十二指腸結腸間膜から20〜30cm程度のところで空腸を切断する

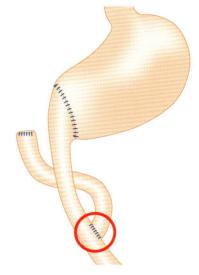

図12　ルーワイ法で行うブラウン吻合
胃空腸吻合部から約30cmのところ（○）で吻合

と、胃と腸の間で胃の食渣が循環してしまうといわれているので、胃から40cm離してつくるよう推奨されている。

なお、筆者は犬や猫で胃から20〜30cm離してブラウン吻合をつくっている。輸入脚内部の液体が滞りなく流れて内容物が溜まるのを防ぐため、吻合部の収縮を計算に入れて2.5〜3cm程度の吻合径を形成するとよい。

8 ルーワイ法（図11）

ルーワイ法は、嘔吐などの合併症を回避する目的で実施される。筆者は最近、ビルロートⅡ法よりもこの縫合法を実施することが多くなっている。

縫合の前に、まず胃の幽門部分を切除して、十二指腸側を盲端にする。その後、遠位の空腸を胃につなぎ、近位の空腸を途中の空腸につなぎ、さらに遠位の空腸にブラウン吻合（図12）でつないで胃と空腸をつなぎ変える。

ルーワイ法を実施することによって胆汁逆流性胃炎（食道炎）や吻合部潰瘍を防止することができる。

筆者は空腸側の体腸間膜側を切断し広げて胃の開口部分にパッチとしてあてがっている。こうすることでできるだけ口径を広くとることができ、狭窄を防ぐことができる。近位の空腸と遠位の空腸は、胃空腸吻合部から約20〜30cmのところで吻合する。

■ 症例3

柴犬、10歳、雄、胃腺癌

症例3は総胆管もダメージを受けて総胆管が閉塞しているため、ルーワイ法で十二指腸の断端を胆嚢とつないだ（図13）。ダブルチューブ（PEGチューブの中にさらにフィーディングチューブを通す）を設置することで、胆汁が排出されるようにするとともに、段階的に栄養管理ができるようにした（図13-2）。

図13-1は胃の断端と空腸の断端をつないでいる様子である。空腸の体腸間膜側を切って胃にかぶせている。そして組織が並置状態になるように単純結節縫合を行う。その後、20cm下流でブラウン吻合を行う（図13-6）。この縫合部の間を膵液や胆汁が流れていく（図13-7）。このように吻合部位が多い場合は食渣等が漏れる危険性が高くなる。それを防ぐためにアクティブドレーンを行う（図13-8）。インフォメーションドレーンとしてJ-VACを入れ、廃液をみながら菌の検出があるかどうか、汚れているかどうかを確認する。

■ Roux Stasis症候群

ルーワイ法は腸管を途中で切断するため、異所性ペースメーカー細胞が作動する場合があり、すると逆蠕動が発生して嘔吐が頻発する（図14）。この副作用により、食物が胃の中に入ってもすぐに出てしまう。これをRoux Stasis症候群（ルーステイシスシンドローム）という。人では術後10〜67％で発生が認められるといわれている。犬での発生率は不明であるが、筆

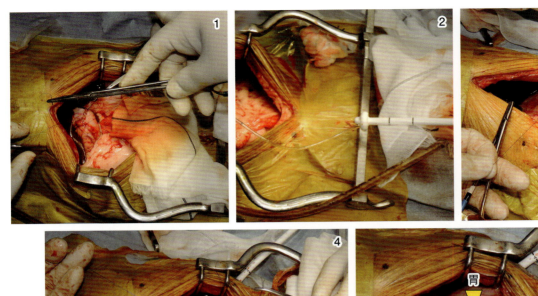
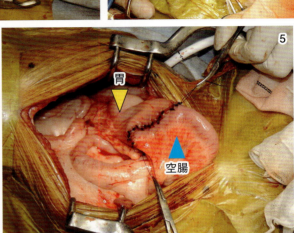
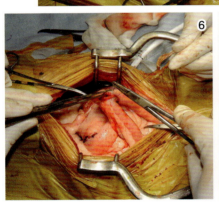
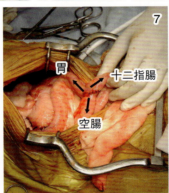
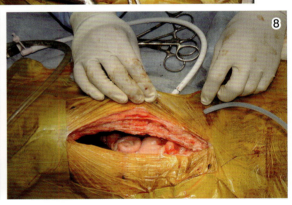

図 13　症例 3 で行ったルーワイ法
1：十二指腸と胆嚢の吻合。胆嚢を切開したのち、十二指腸断端を胆嚢と 4-0 ポリプロピレン縫合糸を用いて連続縫合にて吻合した
2：ダブルチューブの設置。PEG チューブ内に 8Fr フィーディングチューブを通してダブルチューブを作成した
3：胃壁と腹壁の固定。ダブルチューブを左腹壁から挿入して左側胃壁を貫通して先端を胃内に誘導し、左側胃壁と腹壁を縫着固定した
4：胃と空腸の断端の吻合。空腸を切断し、胃切除後の管腔に合わせるように遠位側の空腸の対腸間膜側を切開して広げ、胃と空腸を吻合した。PEG チューブ内から出た 8Fr フィーディングチューブは遠位空腸内に誘導した
5：吻合した胃（▲）と空腸（▲）の前壁側。縫合は後壁側からはじめ、次に前壁を縫合した
6：ブラウン吻合。近位空腸断端を胃空腸吻合部位から約 30cm 離して遠位空腸にブラウン吻合を行った
7：胃腸管の再建。ルーワイ変法を用いて胃腸管を再建した
8：腹腔内に設置した J-VAC アクティブドレーン

胃と腸管をうまく吻合する方法

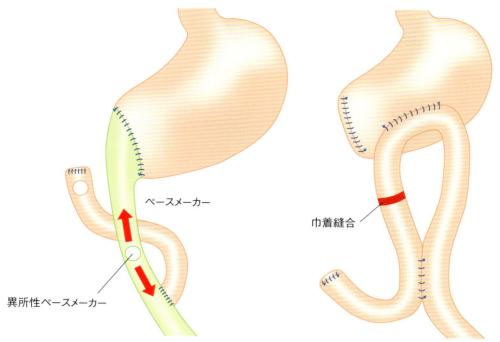

図14 Roux Stasis 症候群がおきる仕組み
異所性ペースメーカーが作動し逆蠕動が発生する

図15 アンカットルーワイ法
ビルロートⅡ法ののちブラウン吻合を施し、輸入脚側を切断せず、巾着縫合もしくはステープルで輸入脚の内腔を閉鎖する

Roux Stasis症候群のような副作用を防止するうえで有効である。この縫合法は、ビルロートⅡ法を行ったのちにブラウン吻合を施し、さらに輸入脚側を切断せずに、巾着縫合もしくはステープルで内腔を閉鎖する方法である。ビルロートⅡ法によく似た方法であるが、輸入脚の内腔を閉鎖する点が特徴である。腸の神経の連続性を保持しながら、ルーワイ法の効果も得られる。合併症の発生が少なかったという報告もある。

空腸間置法（図16）

空腸間置法は、より生理的に近い形で空腸を再建できるのが特徴であり、筆者も空腸間置法を施したことがある。ただし空腸が細くなってしまい、完治後も管理がしにくいので、最近は行っていない。

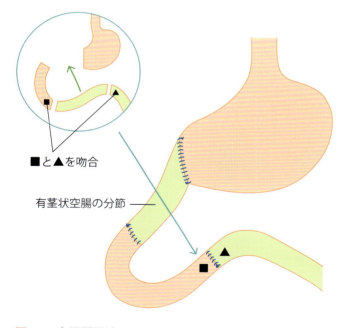

図16 空腸間置法

者はRoux Stasis症候群に似た現象を確認したことがある。

空腸ポーチ間置法（図17）

空腸ポーチ間置法は、胃の断面を大きくとる方法で、空腸を折り曲げてポーチをつくり大きくして、そこに胃をつなげていく。空腸間置法よりも胃とつなげる空間が広いため、胃を大きく切除した場合に有効である。空腸と胃の間に空間をつくることにより生理的に近い

アンカットルーワイ法（図15）

アンカットルーワイ法（Uncut Roux-en Y法）は、

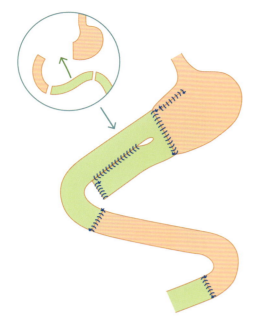

図17　空腸ポーチ間置法

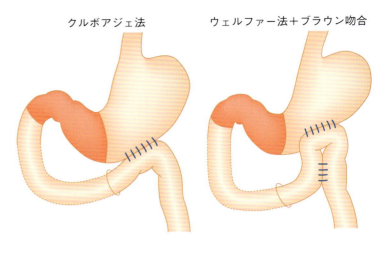

図18　単純胃空腸吻合
主な方法はクルボアジェ法とウェルファー法＋ブラウン吻合

形に空腸を再建できるメリットがあるが、縫合する箇所が多くなり煩雑になる。したがって合併症の発生率が高くなるので、臨床の現場で施すことは少ない。

12 原病巣を温存する緩和的なバイパス手術

胃癌などの原病巣に対する外科的治療は行わず、食物を摂取・消化させたい場合がある。この場合は胃と空腸をつなぐだけの緩和的なバイパス手術を行う。その方法として以下の方法が挙げられる。

- クルボアジェ法（Courvoisier法）
- ウェルファー法（Wölfer法）＋ブラウン吻合
- ディバイン法（Devine法）
- ルーワイ法
- 小野法
- ディバイン法＋空置側ドレナージ
- 梶谷法

代表的な方法は、単純な胃空腸吻合で、クルボアジェ法およびウェルファー法＋ブラウン吻合がある（図18）。

病変がある箇所には潰瘍が発生したり出血したりするので、そこを閉じてつなぐ方法として、空置的胃空腸吻合（完全離断法）がある。手法としてはディバイン法およびルーワイ法がある（図19）。

ただし、これらの方法でも、吻合不全、便漏出、腹膜炎、狭窄、イレウスなどの合併症がおこる。

13 吻合不全の危険因子

■ 考えられる危険因子

腸管の吻合不全がおこる危険因子には、表2のようなものがある。

さらに、以上のような要因について90頭の犬で多変量解析をしてみると、「術前の腹膜炎」「腸内異物」「血清アルブミン濃度＜2.5g/dL」の3つの因子が残った[1]。

■ 術前の腹膜炎

吻合不全の危険因子として、実際の術前の腹膜炎の影響を調べた論文がある[2]。この研究では、術後72時間以上生存した犬210頭を対象に、手縫い縫合、ステープル縫合を比較している。裂開率は11.4％で、裂開の発生日は平均で、術後4.7日（3～11日間）であった。手術の直後は術創を確認するので漏出しないが、血流障害などがおきることによって縫合部から体液が漏出すると考えられた。

この研究では、術前腹膜炎がある場合は3.8倍裂開しやすく、手縫いはステープルよりも3.3倍裂開しやすかった。裂開した場合の死亡率は2/3と高率であった。

以上の結果から、術前の腹膜炎の存在は危険であることがわかる。この論文では手縫いよりステープル

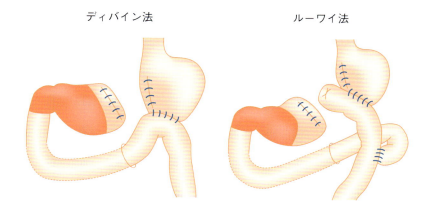

図19　空置的胃空腸吻合（完全離断法）
主な方法はディバイン法とルーワイ法

表2　吻合不全の危険因子

性別（雄＞雌）	術前からのイレウス
栄養不良	術前の体重減少＞4.5kg
術前の腹膜炎	慢性閉塞性肺疾患
異物による閉塞	敗血症
外傷	高血圧
腹腔内膿瘍	糖尿病
感染症	うっ血性心不全
悪性腫瘍	尿毒症
術前のステロイド投与	低蛋白血症
加齢	その他

の使用のほうがよい結果が出ているが、ステープルは小型犬では使用しにくく、使う機会が少ない術者にとっては確実な縫合が難しい。さらに胃腸の手術は経験値を積めるほど多くなく、また手縫いで対処しなければならないこともあり、筆者としてはステープルの使用は推奨しない。したがって、まずは手縫いの術式を身につけることが重要である。

裂開した場合の死亡率は高いので、術前に腹膜炎の存在がある場合は、輸液、抗生剤、輸血や成分輸血などを行い、動物の状態を上げたうえで手術をしなければならない。そして、手術が終わったあともサポートしていくことが重要である。また、飼い主にも術前に腹膜炎をおこしていると、その手術は裂開の確率が高いので術後の経過が厳しいことを前もって知らせておくとよい。

■ 腸内異物

腸内異物に起因する吻合箇所の裂開について調べた論文もある[3]。本研究は腸内異物により治療を行った犬247頭を対象にしている。このうち術前に腹膜炎をもっていた犬は3.2％であったが、これらの犬はすべて生きて退院できた。全体の裂開率は2.0％（5頭）で、そのうち2頭が死亡。裂開により、入院期間は有意に延長した。以上の結果より、腸内異物は裂開の発生率にさほど影響しないことがわかる。

■ おわりに

本稿では、筆者が実践している胃と腸管を吻合する術式を中心に解説を行った。

胃と腸管の吻合の基本は並置縫合であり、その基本を忠実に守ることで、合併症の発生を減らすことができる。また、患者の状態にも気を配り、合併症の発生を減らすような努力を行う。胃腸管吻合には色々なバリエーションがあるものの、その基本的な事項を遵守することはいずれの術式でも一緒である。

本稿が読者の手術の幅を広げることにつながれば幸いである。

参考文献

[1] Ralphs SC, Jessen CR, Lipowitz AJ. Risk factors for leakage following intestinal anastomosis in dogs and cats: 115 cases (1991-2000). J Am Vet Med Assoc. 2003 Jul 1; 223(1): 73-77.

[2] Davis DJ, et al. Influence of preoperative septic peritonitis and anastomotic technique on the dehiscence of enterectomy sites in dogs: A retrospective review of 210 anastomoses. Vet Surg. 2018 Jan; 47(1): 125-129.

[3] Strelchik A, et al. Intestinal incisional dehiscence rate following enterectomy for foreign body removal in 247 dogs. J Am Vet Med Assoc. 2019; 255: 695–699.

胃拡張胃捻転症候群に対する捻転整復と胃固定術

札幌夜間動物病院　川瀬　広大

■ はじめに

本稿では、胃拡張胃捻転症候群に対する捻転整復と胃固定術についてのコツを解説する。

まず、胃拡張胃捻転症候群の病態を知ることは、手術を実施するうえで非常に重要である。とくに捻転の方向を把握していなければ、その捻転の解除をすることができない。どのような形態でねじれるのか。

多くの胃拡張胃捻転症候群は、「胃拡張」と「ねじれ」が同時におこることを指す。そのため、このねじれの向き（方向）が重要である。多くは180°捻転というもので、捻転の方向としては、右側にある十二指腸が腹側を通って左背および背側へ変位するというのが一般的である。とくに胃の大弯側と十二指腸に付着している「大網」がねじれることによって、開腹時に胃の表面を大網が覆っている状態となっている。この右側にある十二指腸および胃の幽門部が左側に変位する。その変位のしかたとしては、腹側面を通って捻転するということが重要である。

この胃拡張胃捻転症候群は、「ねじれ」によって閉塞性ショックを引き起こす。本疾患に「症候群」という名称が付く由来として、この閉塞性ショックだけではなく、ねじれによって血流が途絶えること、プラス虚血が生じたり、あるいは血管系を引っ張るので、その際に出血が生じたり、胃が拡張することによって横隔膜などを圧迫し呼吸不全をおこしたりすることが挙げられる。その他、不整脈、とくに致死的な心室頻拍などを引き起こすことがある。また、単純に閉塞性ショックだけではなく、出血性ショック、あるいはねじれることで壊死した部位から感染することでの敗血症性ショック、不整脈による心原性ショックなど、様々な病態を引き起こすというのが、症候群といわれる所以である。

1　胃拡張胃捻転症候群の手術手順

今回は、初期対応などの説明は割愛し、手術手順にフォーカスし説明する。手術の目的であるねじれを直す、ねじれが再発しないように固定するという部分を中心に解説する。本手術をするうえで把握しておくべきこととして、出血部が壊死する、あるいはねじれて虚血部位が壊死するなど、どうしても損傷を受けやすい部位についてと、万が一そういった状況になったときに必要な手技について説明する。この胃拡張胃捻転症候群の手術の流れとしては、まずは「胃減圧・胃洗浄」を行う。それにより閉塞性ショックを解除するところからはじめる。その後「捻転整復」し、「出血・壊死部処置」を行う。最終的には正常な位置に「予防的胃固定」を行う。以上が一連の流れとなる（図1）。

■ 胃減圧・胃洗浄

胃の減圧処置および胃洗浄に関しては、方法としては大きく2つある。1つは経皮的に体表から針を穿刺し胃の内容物を回収する方法、とくに胃内に貯留しているガスを回収するためにはこの胃穿刺法が有効である。ただそれだけでは回収できない「食渣」「胃液」「水分」については、胃チューブを挿入し、胃内容物を排泄する。

■ 捻転整復

開腹すると、胃の表面（腹側面）を大網が覆っている（図2）。腹膜のところには鎌状間膜が確認できる。とくにこのあと実施する胃固定は、基本的に右側に胃の幽門部を固定することが多いので、この右側の鎌状間膜は電気メスなどで処置していくことが多い。

まずは捻転の状況を確認する。開腹時に大網が胃を被っていることが捻転をしている証拠となる。捻転

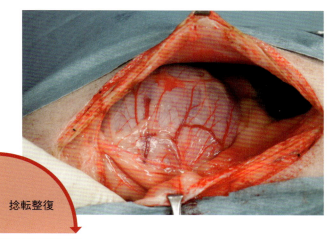

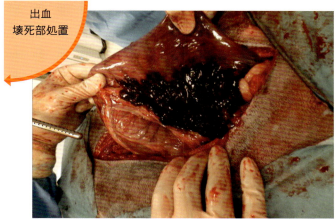

図1　胃拡張胃捻転症候群の手術手順

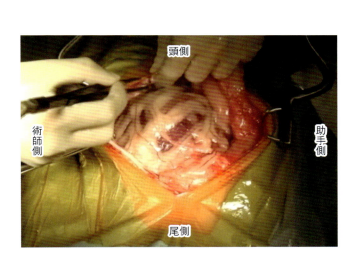

図2　開腹直後の様子
胃の表面を大網が覆っている

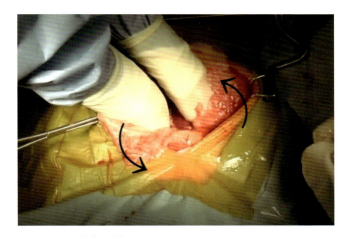

図3　胃の整復の様子
幽門部を引っ張り上げながら、胃体部を下に入れ込む

の方向としては、右側にある十二指腸および胃の幽門部が腹側を通って、左背側に変位しているので、被っている大網をよけていくよう徐々に左側から右側へ牽引し、大網を胃の表面から取り除いていく。すると、大網が覆っていない十二指腸および幽門部が確認できる。その幽門部を引っ張り上げながら、胃体部を下に入れ込むと整復が可能となる（図3）。胃が正常な位置に戻ると、胃の表面は大網が覆っておらず、胃の大弯側に大網が付着している状態となる（図4）。これで整復は完了となる。

うまく整復できない場合の原因の多くは、胃がパンパンに膨れていることで（図5）手が入らないなど、

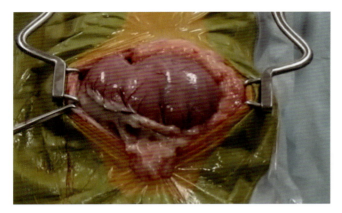

図4　正常な位置に戻った胃

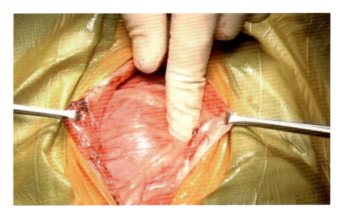

図5　胃の内容物が多く手が入らない

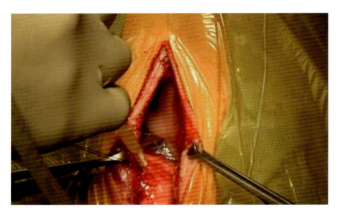

図6　胃の内容物を胃穿刺を行い吸引する

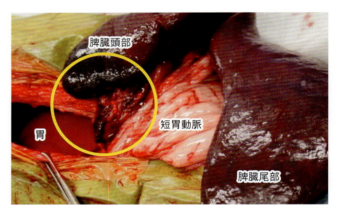

図7　出血しやすい胃と脾臓が連絡する部位

アプローチが難しい場合である。その場合は胃の内容物が非常に多いことが原因であるため、胃の減圧を実施する。当院では胃チューブが挿入可能な場合には胃チューブを設置して減圧するが、困難な場合には経皮的に留置針などを穿刺することが多い。胃内容物を吸引していると胃が縮小していき、留置針が抜けたときにリークして、胃内容物が漏出し、術野を汚染するリスクがある。それを避けるため、当院では胃壁に巾着縫合を施し、胃を引っ張りながら、2ヵ所の縫合部の中央部に留置針を穿刺し吸引するという方法を行っている。留置針とサクションチューブをつなげ、針の状態で巾着縫合の中心に14G針にて胃穿刺を行い、吸引していく（図6）。次第に胃が背側（下側）に縮小していくので、巾着縫合の糸を少し牽引しながら吸引を続ける。できるかぎり胃内容物を除去するのが理想ではあるが、比較的粘稠度の高い液体が貯留していることも十分あるため、すべてが除去できるわけではない。目的を内容物の除去とせず、胃を減圧し、胃の捻転の解除をよりしやすくすることを念頭にすすめるべきである。

本処置による胃内容物の除去によって実際に胃が非常に縮小するような症例であれば、ほぼ何もせずに捻転を簡単に整復することができる。無理に捻転を整復しようとして胃壁を引っ張り上げるなどすると、出血の原因となり得る。とくに出血しやすい部位については、たとえば胃と脾臓をつなぐ短胃動静脈は捻転により牽引されているため、テンションのかかっている部位は出血しやすい。なるべく組織の損傷を防ぎ、無理せず、テンションをかけないことが重要である。

■ 出血・壊死部処置

先述の通り、とくに出血しやすい部位として、胃と脾臓を連絡する部位が挙げられ、牽引することで出血もしくは出血した跡が観察される（図7）。また胃の大弯につながる血管系も破綻しやすいので、どうしても血流障害がおこりやすく、壊死する確率も高い。なお、壊死は紫色をしているから壊死しているのではなく、むしろ進行した壊死は紫色ではなく、灰色に変化していくことが多い。かつ胃壁自体が非常に薄くなっている状態である。その状態のまま処置をせずにいる

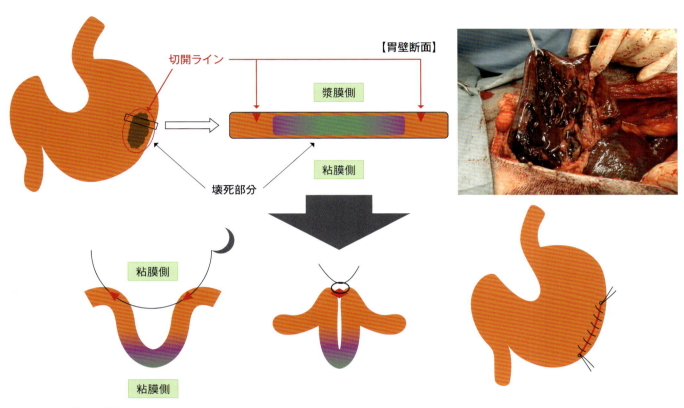

図8 壊死部の処置

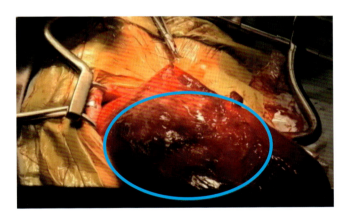

図9 壊死の部分をランドマークにする

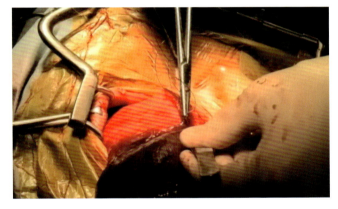

図10 壊死の部分を内側に入れ込む

と次第に胃に穴があき、胃内容物が漏出してしまう。この漏出を防ぐために、壊死部を内反させて埋没することで一時的に回避する方法もある。場合によっては壊死部を切除し、正常な胃壁同士を縫合する方法もある。本稿では、壊死部の周囲（正常部位）を切開して、切開ライン同士を縫合糸でひろって、壊死部を内側に入れ込む形で漏出を抑えるように処置する方法を図8に示す。

変色している部位を壊死していると判断し、この部分をランドマークとして開始部位に縫合糸をかける（図9）。そして壊死部位の周囲をメスで漿膜および筋層まで切開し、その切開ライン同士を連続縫合する。そして壊死部分を内側に入れ込んでいく（図10）。壊死の範囲によっては、内反縫合よりも切除してしまって、胃自体を小さくする方法もあり、動物の状態によって判断すべきである。また壊死部位をステープラーなどで簡易的に切除するのもよい方法である。正常部位と明らかに壊死している部位を内側に折り込んでいくようなイメージである。この状態でもし漏出が認められても、腹腔内に漏れないようにし、つまり悪い部分を内側に折り込んでいくという方法をとる。

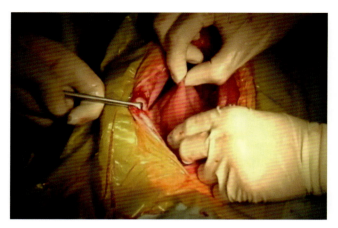

図11　胃を固定する位置を決める

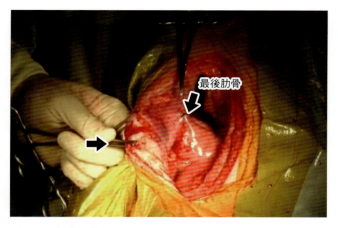

図12　腹壁の縫合
助手が腹壁の下側に人差し指を入れて、この➡の腹壁の部位を縫合していく

■ 予防的胃固定

　正常な位置に胃を整復したあと、最後に固定の処置を行う。胃を固定する際、当院では、十二指腸の位置を確認しつつ、幽門よりも若干胃体部側のテンションのかかりすぎない部位を選んで固定している。まず、最後肋骨の後方に助手が指を入れて術野を展開する。そして胃を牽引したときに、あまりテンションがかからないような部位にもっていく（図11）。縫合糸を腹壁側に一針かけ、胃を固定する幽門側に一針かけて結紮する。この部分が開始部位となる。ここで一度胃にテンションがどの程度かかっているかを確認する。あまりに引っ張られているようであれば、幽門の運動性を制限してしまうことにつながる。テンションが強い場合は、固定部位を変えるなどの判断が必要となる。

　開始点を決めたら、腹壁側を切開し、次に胃壁の漿膜面を切開する。助手が腹壁の下側に人差し指を差し込み、めくるように固定し、最後肋骨を確認しやすいようにする（図12）。目安は、開始部位から5cmほどを胃固定の範囲とし、胃壁をつまんだ状態で切開を開始していく。切開時にはしっかりと筋層まで剥離し、組織を針で拾えるようにする。次に、切開した胃壁の長さにあわせて、腹壁側を切開していく。腹壁側も筋層までしっかりと剥離する。このように開始点を決めてあわせておくと胃壁側と腹壁側の切開の長さをそろえやすく、縫合時もあわせやすくなる。一般的には4〜5cmほどとなるが、もちろん動物の体格によって判断する必要がある。

　切開後、この切開の上側と下側でいうと、術者から遠い側、つまり下側同士を連続縫合であわせていく。このときに使用する縫合糸はモノフィラメントの吸収糸が一般的ではあるが、当院では、より強固に固定で

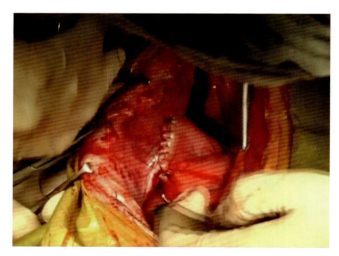

図13　腹壁と固定された胃

きたらという考えでナイロン糸を使用し、糸が外れないように固定することが多い。

　あとは連続縫合を行っていくが、このとき、いかに術野を展開できるかによって、手術が非常に簡単になり、より固定がしやすくなると考える。助手が縫合する腹壁の裏の皮膚、つまり下側に人指し指を入れてしっかりと固定することが術野展開のポイントといえる。

　一層目を下側同士、いわゆる背側同士を縫合していく。下側同士の連続縫合が終わったら、次に上側同士つまり腹側面同士を連続縫合していく。このときは頭側、尾側どちらから縫いはじめても問題ない。

　最終的な仕上がりとして、大体5cm程度、腹壁と胃の幽門より少し大弯側が図13のように固定される。

おわりに

　胃拡張胃捻転症候群では、とくに胃の幽門部、つまり十二指腸側が右側から左側に変位する。それを予防するために紹介した本法などによって固定する必要がある。ポイントは、胃がどのように捻転しているのかを把握しながら捻転を解除する、整復するという点である。また出血しやすい部位を意識し、あるいは壊死がおきていないかを確認することも重要である。最終的には、腹壁と胃の幽門部近傍（当院では胃体部側）を固定する。

　決して難しい手術ではないので、どちらかといえば全身状態の管理のほうが難しいと思われるが、症例に遭遇した際に対応できるように準備しておくべきである。本稿が少しでも日々の臨床現場の一助となれば幸いである。

JBVP シリーズ
犬と猫の消化器ブック
2024年3月3日　第1版第1刷発行

監　修　竹村直行
発行者　金山宗一
発　行　株式会社ファームプレス
　　　　〒169-0075 東京都新宿区高田馬場 2-4-11　KSE ビル 2F
　　　　TEL：03-5292-2723　FAX：03-5292-2726
　　　　Email：info@pharm-p.com
　　　　URL：http://www.pharm-p.com

ⓒ Japanese Board of Veterinary Practitioners
ISBN978-4-86382-120-0　C3047　　　　　　　Printed in Japan
落丁・乱丁本は、送料弊社負担にてお取り替えいたします。
本書の無断複写・複製（コピー等）は、著作権法上の例外を除き、禁じられています。第三者による電子データ化および電子書籍化は、私的利用を含め一切認められておりません。